Figueroa Florez
Ciro Velasquez

Os hidrocolóides na estabilidade coloidal das bebidas de fruta

Os hidrocolóides na estabilidade coloidal das bebidas de fruta

Figueroa Florez
Ciro Velasquez

Os hidrocolóides na estabilidade coloidal das bebidas de fruta

Incorporação de hidrocolóides em bebidas de tomate de árvore e aloé vera

ScienciaScripts

Publisher:
Sciencia Scripts
is a trademark of
Dodo Books Indian Ocean Ltd. and OmniScriptum S.R.L publishing group

120 High Road, East Finchley, London, N2 9ED, United Kingdom
Str. Armeneasca 28/1, office 1, Chisinau MD-2012, Republic of Moldova, Europe
Printed at: see last page
ISBN: 978-620-7-99282-9

Conteúdo

Resumo

A estabilidade das suspensões alimentares é um fator importante durante o desenvolvimento, processamento e comercialização, de modo a oferecer um produto de qualidade ao consumidor. O objetivo deste estudo foi avaliar o efeito dos hidrocolóides e do gel de aloé vera nas propriedades físico-químicas, sensoriais, reológicas e de estabilidade das bebidas funcionais de tomate de árvore. As concentrações elevadas de hidrocolóides controlaram a separação de fases das bebidas durante o armazenamento. As concentrações de goma xantana e CMC a 0,05% revelaram-se tratamentos adequados na estabilidade física das bebidas, expressa em baixas velocidades de decantação e altos valores de potencial Z (>30mV), sem afetar significativamente as propriedades físico-químicas e os parâmetros de cor. A incorporação de gel de aloé vera afectou significativamente o pH e a acidez titulável (p>0,05), mas o seu efeito na instabilidade física não foi significativo. As caraterísticas reológicas das bebidas foram avaliadas por testes de rotação e oscilação. Os resultados mostraram que, para a gama de concentrações e temperaturas estudadas, as bebidas formuladas apresentam um comportamento pseudoplástico em que o modelo da Lei da Potência apresentou o melhor ajuste aos dados experimentais. Os ensaios oscilatórios revelam a predominância do módulo de elasticidade (G'>G") em toda a gama de frequências. As concentrações de goma xantana ≥ 0,025% e CMC ≥ 0,05% são avaliadas como os melhores tratamentos, associadas ao aumento do coeficiente de consistência (K) e à tendência dos valores da tangente de perda (δ), que se assumem como excelentes indicadores de estabilidade em suspensões.

Palavras-chave: Hidrocolóides, sedimentação, potencial Z, estabilidade, pseudoplástico.

Introdução

O tomateiro arbóreo (*Cyphomandra betacea*) é uma cultura de grande importância socioeconómica para a região andina colombiana, pois é uma fonte de subsistência para pequenos e médios produtores. Tornou-se um fruto promissor para exportação, sendo a variedade laranja a mais aceite internacionalmente, devido à sua cor e caraterísticas nutricionais (Márquez et al., 2007). Na Colômbia, a cultura do tomateiro ocupa uma área de 8.399 hectares, sendo que o departamento de Antioquia participa com uma produção de 2.212 hectares com um rendimento de 33,6 t/ha (MADR-EVA, 2015). No entanto, apesar de ser um produto de baixo custo, são relatadas perdas substanciais pós-colheita, afetando o nível de renda dos produtores. A apresentação fresca é a principal fonte de comercialização, e a falta de alternativas de processamento dificulta a geração de valor agregado e o uso de matérias-primas classificadas como de segunda ou terceira qualidade.

A incorporação de frutas tropicais na produção de sucos é uma alternativa para diminuir as perdas pós-colheita, reduzir os excedentes de produção e agregar valor ao produto. Um suco de frutas é considerado um sistema multifásico determinado por uma fase contínua constituída por uma solução de açúcares, sais e outros solutos; e uma fase dispersa constituída por outros solutos como proteínas, gorduras, vitaminas, entre outros (Duque *et al.*, 2011). Quando estes compostos são reconstituídos em água, tornam-se um sistema complexo onde se formam dispersões que afectam as condições de estabilidade e as caraterísticas sensoriais das bebidas, associadas a mecanismos de instabilidade como a sedimentação ou floculação, reduzindo o grau de aceitação do produto pelo consumidor (Genovese et al., 1997). Estudos destacam as propriedades funcionais e nutracêuticas do gel de Aloe vera (*Aloe barbadensis* Miller), mas a sua inclusão em suspensões alimentares pode afetar a estabilidade física, dado que se trata de um gel mucilaginoso constituído por hidratos de carbono, aminoácidos, lípidos, esteróis, minerais e vitaminas (Choi e Chung, 2003; Hamman, 2008; Domínguez et al., 2012).

Os hidrocolóides são polissacáridos ou substâncias de elevado peso molecular, utilizados em suspensões alimentares como estabilizadores, porque aumentam a viscosidade da fase contínua e conduzem à ionização das partículas em soluções aquosas (Genovese e Lozano, 2006). Uma vez que as partículas das bebidas de fruta têm uma carga negativa, espera-se que a adição de hidrocolóides aniónicos aumente as forças de repulsão eletrostática entre as partículas. A goma xantana e a carboximetilcelulose (CMC) são polissacáridos hidrofílicos com carga negativa, que conduzem à estabilização esférica e eletrostática de partículas insolúveis (Genovese e Lozano, 2001; Liang et al., 2006). ₁Apesar de serem utilizados em pequenas concentrações (< 1,0%), possuem uma elevada capacidade de retenção de água, regulando as caraterísticas reológicas e texturais dos sistemas alimentares, criando uma estrutura tipo gel e conferindo estabilidade física (Sahin e Ozdemir 2007).

Assim, o objetivo desta investigação foi desenvolver uma bebida funcional de tomate de árvore, avaliando o efeito da adição de hidrocolóides (goma xantana e carboximetilcelulose de sódio) e gel de aloé vera nas propriedades físico-químicas, sensoriais, reológicas e de estabilidade. Para o efeito, estabeleceu-se uma metodologia definida em três fases: a Fase I correspondente à formulação e caraterização físico-química e sensorial das bebidas de tomateiro; a Fase II correspondente à avaliação do grau de estabilidade das bebidas formuladas; e a Fase III constituída pela caraterização reológica das bebidas, com base em ensaios rotacionais e oscilatórios, em função da temperatura. Para a interpretação e análise estatística foi estabelecido um delineamento central rotacional com quatro pontos centrais.

O objetivo desta pesquisa é desenvolver bebidas funcionais como opção para o aproveitamento agroindustrial do tomateiro, para agregar valor ao produto e fortalecer a cadeia produtiva. É de interesse buscar a implementação de tecnologias para a elaboração de uma bebida funcional, que possa ser escalonada para o setor público ou privado. Além disso, pretende-se oferecer um produto de boa qualidade incorporando o gel de aloe vera como componente fisiologicamente ativo, potencializando a aplicação dos conceitos de alimento saudável e seguro. Como resultado desta investigação, espera-se ter um efeito significativo no campo da Ciência, Tecnologia e Inovação, através do desenvolvimento de uma nova alternativa para a produção de bebidas funcionais de tomate arbóreo, um produto que não existe atualmente e que pode ser potencializado como inovador no mercado agroindustrial, beneficiando tanto os produtores como os consumidores, destacando que se trata de um fruto muito consumido a nível nacional. Pretende ainda consolidar a formação de conhecimentos na área da reologia e estabilidade de suspensões de natureza biológica, uma área de investigação que a nível da sede está a abrir espaço na área agroalimentar, informação significativa e necessária para consolidar a transferência de tecnologia para as agro-indústrias produtoras e transformadoras de fruta.

Na Colômbia, não foram realizadas investigações suficientes sobre a estabilidade das bebidas funcionais à base de sumo de fruta utilizando coloides hidrofílicos. Portanto, o objetivo é lançar as bases para resolver um problema de interesse no sector alimentar derivado da instabilidade coloidal que ocorre no desenvolvimento de bebidas à base de polpa de fruta, o que reduz a qualidade sensorial e comercial do produto, afectando o processo de comercialização. A geração de novos conhecimentos especificamente na área da estabilidade de suspensões contribuirá para a formação de profissionais da área com vista a reduzir as lacunas tecnológicas existentes em questões relacionadas com a manipulação, caraterização e desenvolvimento de soluções, suspensões e emulsões de carácter agroalimentar.

1 Capítulo

Quadro teórico

1.1 Tomate para árvores: Geral

O tomateiro arbóreo *(Cyphomandra betacea)* ou tamarilho, é uma planta da família das Solanáceas. O seu centro de origem é a América do Sul, onde a maioria das espécies de *Cyphomandra* são nativas. [oo]É cultivada em regiões com climas não muito frios, caracterizados por temperaturas entre 14 e 20 °C, com melhores rendimentos entre 15 e 18 °C. [1]Pode ser cultivada em altitudes que variam de 1600 a 2400 m acima do nível do mar (Restrepo e Chavarriaga 2007).

É um fruto exótico com um sabor e um aroma deliciosos. O fruto é uma baga alongada de forma oval ou elíptica, pontiaguda em ambas as extremidades, coroada por um cálice cónico persistente e um longo pedicelo. O tamanho do fruto maduro varia entre 4 e 10 cm de comprimento e 3 e 5 cm de diâmetro (Meza e Méndez, 2009). A epiderme (exocarpo) é lisa e, consoante o tipo de fruto, pode ser de cor púrpura, vermelha escura, laranja, amarela ou vermelha, por vezes com veios longitudinais escuros. A cor da polpa (mesocarpo) também varia consoante o tipo, de avermelhada ou alaranjada a amarela ou esbranquiçada. Apresenta numerosas sementes distribuídas em dois lóculos e rodeadas por tecido mucilaginoso de cor negra nos frutos roxos ou vermelhos, e de cor amarela nos frutos amarelos ou alaranjados. A casca tem textura rugosa e sabor desagradável, a polpa é suculenta e um pouco insípida, e o tecido que envolve as sementes é suculento e de sabor agridoce (Lucas *et al.*, 2011; Castro, 2013).

Na Colômbia são produzidas duas variedades de tomate de árvore, o tomate gigante laranja e o tomate gigante roxo (García, 2008; Osorio *et al.*, 2012). O tomate gigante laranja é a variedade mais conhecida e mais comercializada. A casca é vermelho-alaranjada quando madura e apresenta riscas verticais castanho-esverdeadas. Tem um tamanho médio de 5,0 cm de largura por 8,0 cm de comprimento. A polpa é alaranjada e contém cerca de 240 sementes por fruto. Em contrapartida, os frutos da variedade gigante púrpura são ovais, redondos, com casca de cor púrpura profunda com ténues riscas verticais verdes, 5,2 cm de diâmetro e 6 cm de comprimento. A polpa é alaranjada e contém pelo menos 300 sementes por fruto (García, 2008; Sagñay, 2010; Cáceres, 2012).

A nível nutricional, é uma fonte importante de caroteno (provitamina A), vitamina C (ácido ascórbico) e vitamina E (quadro 2-1). Tem um elevado teor de proteínas. É rico em minerais, nomeadamente cálcio, magnésio, potássio e fósforo. Tem também um baixo teor de hidratos de carbono e menos de 40 calorias por 100 g (Márquez *etal.*, 2007; Lagos, 2012).

Quadro 1-1: Caracterização química e nutricional do tomateiro arbóreo *(Cyphomandra betacea)* (Castro, 2013).

Análise	Variedade laranja gigante	Variedade roxa gigante
Humidade (%)	87,16 ±1,17	89,2 ± 0,22
Cinzas (%)	0,81 ± 0,03	0,80±0,01
Proteína	2,4±0,04	2,2 ± 0,008
[H]e .	3,76 ± 0,04	3,45±0,01
°Sólidos solúveis (Brix)	12,7 ±1,0	10,7 ±1,0
Acidez titulável (% ácido cítrico)	1,87 ± 0,04	1,91 ±0,02
Vitamina C (mg/100g)	0,33±0,19	0,28 ± 0,23
Açúcares totais (%)	8,6±0,08	4,5 ± 0,06
Polifenóis totais (mg/g)	0,84 ± 0,01	0,8 ± 0,01
Carotenóides totais (mg/g)	0,23±0,01	0,241 ±0,01

Açúcares (%) Glicose	1,38±0,03	1,17±0,03
Frutose	1,64±0,10	1,34±0,02
Sacarose	2,21 ± 0,03	1,86±0,01
Ácidos orgânicos (mg/g) Ácido cítrico	7,22 ± 0,23	9,19±0,31
Ácido málico	1,22 ± 0,04	Não detectado
Minerais (µg/g) Cálcio	90±1,0	86±1,0
Magnésio	1284	1403
Potássio	3852	3733
Fósforo	347	281
Sódio	16±1,0	32±1,0
Ferro	3 ± 0,04	4 ± 0,04
Zinco	2 ± 0,02	2 ± 0,02

Tem baixo teor de gordura e calorias, é uma boa fonte de pectinas e fornece quantidades significativas de compostos bioactivos como antocianinas, carotenóides e aavonóides (Castro *et al.*, 2013). Estes compostos não são apenas responsáveis pela cor do fruto, mas também possuem propriedades biológicas, terapêuticas e preventivas. A atividade antioxidante de diferentes extractos de tomate arbóreo foi avaliada, tendo os resultados mostrado um elevado potencial de eliminação de radicais pelos métodos DPPH e ABTS (Kou *et al.*, 2009; Ordoñez *et al.*, 2010). Esta atividade está provavelmente associada aos compostos acima mencionados. Além disso, Castro *et al.*, (2013) citam que o epicarpo do tomateiro é uma fonte promissora e importante de antioxidantes naturais, que têm um potente efeito inibitório sobre a oxidação lipídica. Outros estudos químicos do fruto fresco indicam que este contém poucos hidratos de carbono. O fruto maduro tem menos de 1% de amido e 5% de açúcares como a sacarose, a glucose e a frutose. Também foi relatada a identificação de galacto-arabino-glucuronoxilano, um polissacarídeo isolado da polpa comestível do tomateiro, ao qual foi atribuído efeito analgésico e anti-inflamatório (Nascimento *et al.*, 2013). Por outro lado, foi registada a presença de alcalóides esferoidais como as espirosolanas, a solasodina e o tomatidenol, sendo estes os que têm recebido maior atenção como fontes alternativas de esferóides de interesse farmacêutico (Calvo, 2009).

A utilização do fruto é variável, não sendo apenas consumido fresco (com ou sem sementes), como fruto de sobremesa ou em saladas, mas também é considerado matéria-prima para a preparação de geleias, compotas, sumos concentrados ou clarificados, néctares, polpas, conservas em calda, gelados, produtos de panificação, flocos desidratados com frutose, entre outras utilizações (León *et al.*, 2004; Castro, 2013; Brito *et al.*, 2008; Jibaja, 2010). No entanto, para consumo, o epicarpo é geralmente removido (devido ao seu sabor amargo, ácido e adstringente), obtendo-se um rendimento de polpa de 83-86%. Este resíduo não é realmente utilizado e, em muitos casos, é uma fonte de contaminação, apesar de ser considerado uma fonte promissora de antioxidantes que podem ser utilizados na conservação de alimentos (Farfán e Zambrano, 2010; Castro *et al.*, 2013).

Na medicina, é prescrito como adjuvante no tratamento para fortalecer o cérebro, pois ajuda a curar enxaquecas e dores de cabeça graves. Os estudos realizados até à data indicam que contém substâncias como o ácido gama-amino-butírico, que reduz a tensão arterial. Como bebida, é benéfica para o sistema circulatório, sendo utilizada em programas de redução de peso devido ao seu efeito saciante (Sagñay, 2010). É também utilizada para combater topicamente inflamações das amígdalas ou anginas, problemas hepáticos, gripe e controlo do colesterol (León *etal.*, 2004; Amaya *etal.*, 2006; Lucas *etal.*, 2011).

Do ponto de vista fisiológico, o tomateiro arbóreo é considerado um sistema biológico que respira, transpira e liberta etileno. Durante o seu desenvolvimento, apresenta uma curva de crescimento sigmoide simples e, durante a sua maturação, comporta-se como um fruto não climatérico. Uma vez colhido, apresenta uma série de alterações físico-químicas, sensoriais e bioquímicas, entre outras; por esta razão, o momento certo de maturação é um dos aspectos que afectam diretamente a vida pós-colheita e a sua comercialização. Entre os 120 e 150 dias de desenvolvimento do fruto, a cor púrpura substitui gradualmente a cor verde. No interior, a polpa muda para laranja e o pedúnculo perde flexibilidade. As principais alterações de acidez, adstringência e açúcares ocorrem entre os 150 e 180 dias. Os frutos podem ser colhidos aos 120 dias de desenvolvimento, no entanto, a acumulação máxima de matéria seca é atingida aos 140 dias (García e García, 2001; Márquez *etal.*, 2007; García, 2008).

A NTC 4105/97 dita alguns critérios de qualidade comercial baseados em índices físico-químicos (determinação do diâmetro, cor, teor de polpa, consistência, sólidos solúveis totais, entre outros), onde se recomenda colher os frutos entre os estádios 3 e 4, e conservar o pedúnculo para proteção contra o ataque de fungos e bactérias (García, 2008; Castro, 2013). °°Na fase pós-colheita, as condições mais favoráveis para o armazenamento são temperaturas entre 3,0 e 4,5 C e humidade relativa entre 90-95%, temperaturas abaixo de 3 C causam danos por arrefecimento e acima deste intervalo aumentam os danos fúngicos. °O armazenamento refrigerado a 7 C, utilizando atmosferas controladas com concentrações de oxigénio (O_2) e dióxido de carbono (CO_2) de 3-5%, permite prolongar a vida útil. Dependendo da variedade e sem refrigeração, o fruto tem um período de conservação de 14 a 18 dias. Em condições de refrigeração, o prazo de validade é consideravelmente alargado para 88 dias (Black e Ortega, 2005; Márquez *etal.*, 2007; Lucas *etal.*, 2011).

1.2 Produção de tomate de árvore na Colômbia

Em 2013, de acordo com as estatísticas do MADR-EVA (2015), a Colômbia tinha 8.399 hectares plantados com tomate arbóreo, para uma produção total de 163.748 toneladas. Nesse período, 29,17% da área plantada estava em Antioquia, 26,17% em Cundinamarca, 8,47% em Tolima e 7,67% em Huila, entre outros (Tabela 2-2).

Quadro 1-2: Produção nacional de tomate de árvore em 2013 (MADR-EVA, 2015).

Departamento	Produção (toneladas, t)	Área plantada (Hectares, ha)	Rendimento (t/ha)
Antioquia	82.391	2.450	33,6
Boyaca	6.543	523	12,5
Caldas	1.807	137	13,2
Cauca	959	92	10,5
César	624	102	6,1
Cundinamarca	42.120	2.198	19,2
Chocó	8		2,5
Huíla	4.307	644	6,7
La Guajira	534	81	6,6
Magdalena	2.675	279	9,6
Objetivo	784		
Nariño	2.586	381	6,8
Norte de Santander	2.272	204	11,2
Quindio	258		7,0
Risaralda	1.621		11,5
Santander	992	110	9,0
Tolima	10.905	711	15,3
Vale do Cauca	1.575	186	8,5
Putumayo	790	93	8,5
Total	**163.748**	**8.399**	**19,5**

O cultivo deste fruto concentra-se em Antioquia e no Altiplano Cundiboyacense, regiões onde o seu consumo e comercialização é bastante alargado. O cultivo de tomate de árvore representa 3,30% da superfície de frutos colhidos a nível nacional. Quanto à sua participação na cesta básica, a variação do Índice de Preços ao Consumidor (IPC) para 2013 no grupo de frutas frescas, observou-se que sua média (13,06%) está acima de frutas tão importantes como bananas, mangas, maças e amoras (MADR-SEA, 2013).

Para o mesmo ano, os rendimentos apresentados pelo departamento de Antioquia excederam o rendimento médio nacional, atingindo uma média de 33,6 t/ha em comparação com a média de 19,5 t/ha registada pela produção nacional. Em 2013, a quota da produção nacional de tomate de árvore na Colômbia concentrou-se em Antioquia (50,32% da produção total), Cundinamarca (25,72%) e Tolima (6,66%). De acordo com os dados do MADR- SEA (2013), em 2013 o tomate de árvore representou 4,46% da produção de frutos frescos. Ficou em quarto lugar, depois dos citrinos, do ananás e da manga, com uma produção de 163.748 toneladas.

1.3 Aloé vera na formulação de alimentos funcionais

Um alimento funcional é um produto que, para além de satisfazer as necessidades nutricionais básicas, pode proporcionar benefícios para a saúde e reduzir o risco de contra-doenças (Juárez, 2010). Outros autores salientam que pode ser um alimento natural, um alimento ao qual um componente foi adicionado, removido ou modificado por meios biotecnológicos, um alimento no qual a biodisponibilidade de um ou mais dos seus componentes foi modificada, ou uma combinação destas possibilidades (Ferrer e Dalmau *et al.*, 2001). Se os componentes biologicamente activos forem incorporados em formas farmacêuticas em doses elevadas, são considerados suplementos nutricionais ou nutracêuticos, mas não alimentos funcionais (Juarez, 2010; Lutz, 2012). A combinação de componentes bioativos entre si ou com outras substâncias é o que promove a absorção, o transporte para os tecidos, o metabolismo e a função protetora contra doenças. Existe um conjunto de componentes funcionais, tais como: carotenóides, fibra alimentar, ácidos gordos, aavonóides, ácidos fenólicos, esteróis, polióis, prebióticos, probióticos, minerais e vitaminas, que se encontram nos alimentos e aos quais se atribui um efeito protetor ou benéfico (Drago *et al.*, 2006; Juárez, 2010).

O gel de Aloé vera é atualmente um dos produtos de origem vegetal que adquiriu grande importância comercial, devido aos potenciais benefícios para a saúde dos seus componentes naturais e à sua aptidão para utilização em diferentes indústrias (cosmética, farmacêutica e alimentar). O Aloé vera *(Aloe barbadensis* Miller) é uma planta suculenta perene pertencente à família *Liliaceae.* É semelhante a um cato, tem folhas túrgidas, lanceoladas, com espinhos nos seus bordos serrilhados e de cor verde brilhante, dispostas em roseta. As folhas mais utilizadas são as folhas, cada uma constituída por três camadas: la epiderme ou camada interna que é um gel transparente que contém 99% de água e o resto é formado por glucomananos, aminoácidos, lipídios, esteróis e vitaminas; la camada intermediária ou látex com caraterísticas mucilaginosas que é la seiva amarela amarga contém antraquinonas (aloína, aloemodina e fenóis) e glicosídeos; e, finalmente, la camada externa espessa chamada córtex, que tem la função de proteção e síntese de carboidratos e proteínas (Domínguez *etal.,* 2012; Khoshgozaran *etal.,* 2012).

Os investigadores referiram que o gel de aloé possui mais de 200 constituintes diferentes, dos quais 75 têm atividade biológica (Quadro 2-3). Os estudos concluem que as propriedades funcionais do aloé são devidas à sinergia de todos os componentes activos e não podem ser atribuídas ao efeito benéfico de apenas um. A ampla atividade biológica e as diferentes utilizações do aloé levaram ao desenvolvimento de vários estudos para estabelecer relações entre os componentes e os efeitos biológicos. Thompson *et al.* (1991) argumentam que na cicatrização de feridas, a angiogénese é um processo essencial. (1998) sugeriram um aumento da estimulação das células endoteliais da artéria pulmonar como resultado da atividade angiogénica dos extractos aquosos de aloé vera. Alguns polissacáridos extraídos do gel (designados GAPS-1 e SAPS-1) compostos por manose:glucose:galactose têm uma forte atividade de eliminação de superóxido e actividades moderadas de eliminação do radical hidroxilo e de inibição da peroxidação lipídica (Chun-Hui *et al.*, 2007). Outros estudos revelam um elevado poder antioxidante dos compostos fenólicos, dos havonóides e dos extractos etanólicos isolados do gel e do exocarpo do aloé vera (Zheng e Wang, 2001; Hu *et al.*, 2005).

Quadro 1-3: Componentes e propriedades do Aloé vera (*Aloe barbadensis* Miller) (Adaptado de Choi e Chung, 2003; Hamman, 2008; Domínguez *etal.*, 2012)

Componentes	Ingrediente ativo	Propriedade e atividade
Açúcares	Glucose, frutose, manose, sacarose, galactose.	Anti-Hnflammatórios, imuno-moduladores, ação antiviral,
Hidratos de carbono	manano-oligossacáridos, glucomanano, galactomanano, galactano, arabinogalactana, substâncias pécticas, xilana, celulose.	cicatrização de feridas.
Lípidos e compostos orgânico	Esteróides (campesterol, colesterol, β-sitosterol), lupeol, ácido salicílico, sorbato de potássio, triglicéridos, lenhina, ácido úrico, lectina, saponinas, giberelina, triterpenos.	Anti-inflamatório, estimula a la angiogénese, imuno-moduladores.
Aminoácidos	Alanina, arginina, cisteína, ácidos glutâmico e aspártico, glicina, histidina, ouoina, lioina, motionina, fonilalanina, prolina, serina, tirosina e valina.	Fornece os blocos de construção das proteínas na produção de tecido muscular, cicatrização de feridas, anti-alérgico.
Antraquinonas	Aloé emodina, ácido aloéctico, aloína, antracina, antranol, barbaloína, ácido crisopânico, emodina, óleo etéreo, éster cinâmico, ácido isobarbaloína, resistanol.	Atividade analgésica, antibacteriana, antifúngica e antiviral. São laxantes.
Enzimas	Alquinase, amilase, catalase, ipase, oxidase-fosfatase-alcalina , Carboxipeptidase, celulase, peroxidase, ciclo-oxigenase.	Decompõe os alimentos, os açúcares e as gorduras, facilitando a digestão e a absorção dos nutrientes. Atividade gastroprotectora.
Hormonas	Auxinas, giberelinas.	Cicatrização de feridas , anti-inflamatório.
Vitaminas	A, C, E, B1 (tiamina), B2 (riboflavina), B3 (niacina), B6 (piridoxina), ácido fólico, vitamina B12.	Antioxidantes (A, C e E), moduladores imunitários, absorção de minerais.
Minerais	Cálcio, sódio, potássio, magnésio, crómio, cobre, manganês, zinco, bolus, azoto e selénio.	Essencial para o bom funcionamento de vários sistemas enzimáticos e metabólicos.

Tendo em conta o conteúdo de acemannan e lectina presente no gel, como activadores de macrófagos para gerar óxido nítrico e segregar citocinas, foram-lhe atribuídas propriedades imunoestimuladoras e imunomoduladoras (Pugh *et al.*, 2001; Strickland *et al.*, 2001; Im *et al.*, 2005; Broudreau e Beland, 2006). Em relação à atividade gastroprotectora, foram sugeridos efeitos benéficos na síndrome do intestino irritável, colite ulcerosa e atividade anti-inflamatória da doença intestinal em pacientes humanos. A inibição da produção de ácido gástrico, a estimulação da pepsina e das secreções mucosas em ratos são outras actividades benéficas que lhe estão associadas (Suvitayavat *et al.*, 2004; Langmead *etal.*, 2004; Yusuf *etal.*, 2004; Davis *etal.*, 2006; Pogribna *etal.*, 2008).

A grande quantidade de polissacarídeos que representam cerca de 20% dos sólidos totais do parênquima mucilaginoso das folhas de aloé está associada a 20 glicoproteínas, contribuindo para a atividade farmacológica do gel como efeito hipoglicémico, hipolipidémico, hepatoprotector, anti-inflamatório, anticancerígeno e hidratante da pele (Rajasekaran *et al*, 2006; Prabjone *et al.*, 2006; Broudreau e Beland, 2006; Steenkamp e Stewart, 2007; Chandan *et al.*, 2007; Hamman, 2008; Kim *et al.*, 2009). Outros estudos relatam actividades antimicrobianas e antivirais do gel de aloé associadas ao teor de antraquinona (Rivero *et al.*, 2002; Alves *et al.*, 2004; Habeeb *et al.*, 2007). Os potenciais benefícios para a saúde encontrados nos componentes naturais do aloé vera levaram à sua utilização como recurso em alimentos funcionais. Além disso, destacando que a inclusão de tais componentes fortalece o valor nutricional dos alimentos (Boghani *et al.*, 2012).

O gel de aloé tem uma vasta aplicação em produtos alimentares, tais como néctares, concentrados de sumo, bebidas saudáveis, bebidas laxantes, iogurtes, gelados, entre outros (Eshun e He 2004; Hamman 2008; Singh e Singh, 2009; Ahlawat e Khatkar, 2011). Sierra (2002) avaliou o efeito da luz UV-C na inibição de mesófilos, aeróbios, bolores e leveduras num protótipo de bebida de aloé e laranja em proporções iguais. Elbandy *et al.* (2014) desenvolveram um néctar de manga com alto valor terapêutico e nutricional, suplementando a polpa com gel de aloe. O néctar apresentou excelentes atributos de qualidade e boa estabilidade de armazenamento, apresentando variações no teor de vitamina C e caraterísticas físico-químicas como acidez e pH. Boghani *et al.* (2012) desenvolveram uma bebida misturando papaia e sumo de aloé, destacando diferenças na qualidade físico-química e sensorial. Também relatam uma boa estabilidade no período de armazenamento refrigerado.

Wei *et al. (2004)* prepararam uma bebida funcional a partir de folhas frescas de aloé vera com ervas e raízes chinesas. Estudaram o efeito das condições de processamento, tais como a temperatura, o pH, a concentração de sacarose e de ácido cítrico, concluindo que a estabilidade física das bebidas é afetada negativamente à medida que a concentração de sacarose e de ácido cítrico aumenta. Do-Sang *et al,* (1999) prepararam vinagre a partir de sumo de aloé vera utilizando *Acetobactor sp.* °Lee e Mano-Yoon (1997) formularam um iogurte de aloé vera com bactérias de ácido lático (estirpes *Lactobacillus bulgaricus e Streptococcus thermophilus*) e compararam-no com iogurte preparado a partir de leite em pó desnatado, constatando a retenção das caraterísticas de qualidade e uma boa estabilidade física do iogurte de aloé vera armazenado a 5 C durante 15 dias, em relação ao iogurte de leite.

Outras aplicações do gel de aloé vera centram-se na área pós-colheita de frutas e vegetais, especificamente na formulação de revestimentos comestíveis (Restrepo, 2009; Khoshgozaran *et al.*, 2012; Benítez *et al.*, 2013; Ramírez *et al.*, 2013; Yulianingsih *et al.*, 2013). Os autores concordam que os frutos revestidos apresentaram uma diminuição da taxa de respiração e um controlo dos parâmetros físico-químicos, microbiológicos e sensoriais em comparação com os frutos de controlo. Além disso, a vida de prateleira do produto foi aumentada. Sigrid e Vidal (2011) estudaram a viabilidade do desenvolvimento de alimentos funcionais frescos através da incorporação de gel de aloe vera na matriz estrutural de alguns vegetais por impregnação a vácuo. O produto obtido manteve as caraterísticas de alimento fresco (elevada atividade de água), ao mesmo tempo que incorporou propriedades benéficas do aloé, potenciando a funcionalidade intrínseca dos vegetais em estudo.

1.4 Hidrocolóides

Os hidrocolóides ou gomas alimentares são polissacáridos hidrossolúveis ou proteínas de elevado peso molecular, utilizados numa variedade de funções em sistemas alimentares para aumentar a viscosidade, formar estruturas de gel, formar filmes, controlar a cristalização, inibir a sinérese, melhorar a textura, encapsular aromas e prolongar a estabilidade física, entre outras (Williams e Phillips, 2009). Devido às suas propriedades funcionais, como a capacidade de retenção de água, o equilíbrio das propriedades reológicas e a ionização de soluções aquosas, permitem controlar o grau de instabilidade de partículas insolúveis em suspensões alimentares (Genovese e Lozano, 2001).

Para assegurar a estabilidade das suspensões alimentares, tais como sumos ou néctares de fruta, durante o armazenamento prolongado, tem sido promovida a utilização de colóides hidrofílicos (Quadro 2-4). Em termos de ionização, os hidrocolóides podem ou não estar carregados eletricamente. Uma vez que as partículas em suspensão estão carregadas negativamente, espera-se que a adição de hidrocolóides aniónicos aumente as forças de repulsão eletrostática entre as partículas. Além disso, a adsorção de macromoléculas de borracha nas partículas pode levar à repulsão esférica (Genovese e Lozano, 2001). Sahin e Ozdemir, (2007) argumentam que as gomas alimentares melhoram a textura e as propriedades teológicas das suspensões através de um aumento da viscosidade na fase contínua, diminuindo o processo de separação de fases.

Quadro 1-4: Hidrocolóides como estabilizadores em dispersões alimentares

Hidrocolóides (Matriz)	Efeitos	Referência
Quitosano (Sumo de laranja)	Aumento da turvação e controlo da separação de fases. Alteração das propriedades físico-químicas (pH, TSS). Aumento significativo dos parâmetros de cor (L*, a*, b*). Comportamento pseudoplástico.	Martín et al., (2009)
Goma persico e tragacanto (mistura de sumo de laranja e leite)	Fluido pseudoplástico, com ajuste de modelo de lei de potência. Potencial zeta diferencial aumentado. Estabilidade esférica e eletrostática. Uma mistura de 0,37& borracha foi avaliada como o melhor tratamento.	Abbasi etal, (2013).
Goma xantana e CMC. (Sumo de maçã)	Aumento da viscosidade com a adição de borracha. Comportamento pseudoplástico. Aumento da repulsão eletrostática. Aumento da turvação da fase clarificada. Melhoria da estabilidade do sumo com CMC.	Genovese e Lozano, (2001)
Goma xantana, CMC, pectina (sumo de maçã)	Boa estabilidade, aumento da viscosidade e da turvação. Diminuição dos atributos sensoriais, nomeadamente do sabor.	Ibrahim etal, (2011).
Amidos reticulados e pré-gelatinizados. (Sumo de maçã)	Distribuição unimodal do tamanho das partículas. Fluidos tixotrópicos, aumento dos parâmetros teológicos com a adição de amidos. Melhor estabilidade associada aos amidos pré-gelatinizados.	Meng e Rao (2005)
Goma xantana, goma guar (sumo de maçã)	Boa estabilidade, aumento da viscosidade da fase contínua. Melhor estabilidade com goma xantana. Comportamento pseudoplástico.	Paquet et al., (2014)

Tabela 2-4: (continuação)

Hidrocolóides (Matriz)	Efeitos	Referência
Goma xantana, CMC, goma gelana, goma guar. (Sumo de cenoura)	Aumento da viscosidade e da turbidez, com a adição de gomas. Controlo da separação de fases. Melhoria da estabilidade do sumo com goma gelana.	Liang et al., (2006)
Proteína de soja (sumo de graviola)	Aumento da viscosidade, comportamento pseudoplástico, melhor adaptação ao modelo de Cross. Redução da taxa de sedimentação e da velocidade de sedimentação. Boa adaptação à equação cinética de primeira ordem.	Fasolin e Cunha (2012).
goma xantana, CMC e guar (sumo misto de cenoura e laranja)	Controlo da sedimentação. Aumento da viscosidade. Alteração das propriedades físico-químicas (pH e acidez).	Nwaokoro e Akanbi (2015).
Goma tragacanto (bebida láctea)	Aumento da viscosidade aparente. Distribuição unimodal do tamanho. Nenhum efeito sobre os diâmetros médios das partículas. Alteração dos parâmetros de cor (L*, a*, b*). Melhoria das	Keshtkaran et al., (2013).

Pectina, CMC (Bebida de laranja)	propriedades sensoriais. Aumento da viscosidade e do diferencial de potencial Z. Diminuição das propriedades físico-químicas (pH). Aumento da turvação.	Mirhosseini e Tan, (2010).

A goma xantana e a carboximetilcelulose de sódio (CMC) são normalmente utilizadas como agentes espessantes na indústria alimentar. A goma xantana é um polissacárido extracelular segregado pelo microrganismo *Xanthomonas campestris*, utilizado pela sua elevada capacidade de espessamento, excelente estabilidade numa vasta gama de pH e resistência à degradação enzimática (Liang *et al.*, 2006). A baixas temperaturas, as moléculas de goma xantana existem como uma dupla hélice, mas tornam-se uma espiral desordenada a temperaturas mais elevadas. Os grupos carboxilo nas cadeias laterais são responsáveis pela caraterística aniónica deste polissacárido. O teor de ácido pirúvico pode variar substancialmente consoante a estirpe de *X. campestris*, resultando em diferentes viscosidades das soluções de xantana (Milani e Maleki, 2012). Apresenta propriedades reológicas semelhantes a um gel fraco, comportamento pseudoplástico, muito viscoso a baixas taxas de cisalhamento, mas muito baixa viscosidade a alto cisalhamento, e recupera rapidamente a sua viscosidade quando a tensão mecânica é removida. A goma xantana confere uma excelente estabilidade das partículas em suspensão durante o armazenamento e o transporte e adquire uma boa fluidez durante os processos de agitação e bombagem. Todos estes factores fazem da goma xantana um estabilizador ideal para suspensões, molhos e temperos. Outra utilização importante é durante a cozedura de produtos de panificação, aumentando o volume, mantendo a humidade e a suspensão de partículas na massa (Pegg *etal.*, 2012).

A carboximetilcelulose de sódio (CMC) é um polímero aniónico solúvel em água capaz de formar soluções altamente viscosas, o que lhe confere excelentes propriedades como estabilizador. A CMC é preparada tratando primeiro a celulose com álcali (celulose alcalina) e depois por reação com ácido monocloroacético (Milani e Maleki, 2012). A concentração, o peso molecular e o grau de substituição (GS) são factores importantes para o comportamento de fluxo da CMC em dispersões aquosas. Os produtos comerciais têm geralmente valores de GS de 0,7 a 1,5 (Saha e Bhattacharya, 2010). A cadeia polimérica apresenta uma conformação helicoidal em suspensão, o que influencia significativamente o seu comportamento reológico. As dispersões de goma CMC exibem propriedades reológicas pseudoplásticas, que são significativamente afectadas com o aumento da temperatura. [1]Além disso, foi confirmado um comportamento viscoelástico fraco do tipo gel a concentrações elevadas (Benchabane e Bekkour 2008; Saha e Bhattacharya, 2010). A CMC é amplamente utilizada como espessante, aglutinante de água, encapsulante e adjuvante de formação de película na indústria alimentar e farmacêutica para melhorar a consistência e as propriedades de fluxo (Yasar et al., 2007). É invulgar a sua capacidade de interagir com proteínas como a caseína e a soja, protegendo-as da precipitação no seu ponto isoelétrico. Este facto reduz a sua aplicação em produtos lácteos (Pegg *et al.*, 2012).

[1]A viscosidade das soluções de goma xantana é obviamente mais elevada do que a da CMC a baixas taxas de cisalhamento (<10s"), o que explica as excelentes propriedades estabilizadoras (Liang *et al.*, 2006). A seleção de um hidrocolóide depende das suas caraterísticas físico-químicas, bem como do seu preço e segurança. Não é surpreendente que os amidos sejam os espessantes mais frequentemente utilizados devido ao seu baixo custo resultante da sua elevada taxa de produção anual. No entanto, um espessante mais caro, como a goma xantana, pode ainda ser a primeira escolha devido às suas propriedades reológicas inigualáveis (Li et al., 2015). Lazaridou et al., (2007) observaram que, em comparação com a CMC e a pectina, a goma xantana possuía menor deformação por

fluência, maior viscosidade a baixas taxas de cisalhamento, propriedades elásticas aumentadas e predominância do módulo de elasticidade, o que lhe conferia a caraterística de gel fraco.

1.5 Estabilidade da suspensão

Uma dispersão é um sistema polifásico em que uma fase está fragmentada noutra. Existem três tipos de sistemas dispersos denominados espuma, emulsão ou suspensão. A fase fragmentada é uma certa quantidade de matéria gasosa, líquida ou sólida, que é designada por bolha, gotícula ou partícula se tiver um tamanho macroscópico. Uma suspensão é uma dispersão coloidal na qual um *sólido* está disperso (fase interna) numa fase *líquida* contínua (fase externa). As suspensões podem ser aquosas ou não aquosas (Perez, 2009). A gama de tamanhos clássica das dispersões coloidais situa-se entre 1nm - 1mm, e assume-se que as espécies dispersas têm uma forma esférica. Quando são consideradas outras formas, as partículas com diâmetros até 2 mm podem ser descritas como coloidais. Na prática, as suspensões têm geralmente diâmetros superiores a 0,2 mm e, por vezes, contêm partículas que excedem os limites da gama clássica (5010 mm de diâmetro). Os tamanhos das partículas podem também ser inferiores ao limite de tamanho padrão mencionado acima, e são conhecidos como suspensões de nanopartículas (Schramm, 2005).

Na estabilidade das suspensões, procura-se uma dispersão estável, homogénea e sem agregação de partículas. No entanto, existem três fenómenos físicos que provocam a instabilidade de uma suspensão: a sedimentação, a agregação e a coalescência (Núñez e Scrofani, 2011). A sedimentação é o resultado de uma diferença de densidade entre a fase dispersa e a fase contínua, e produz duas fases separadas que tëm concentrações e viscosidades diferentes (Aranberri *et al.*, 2006). As partículas em suspensão sedimentam de forma diferente, dependendo das caraterísticas das partículas, bem como da sua concentração, e podem, portanto, ser referidas como sedimentação de partículas discretas, sedimentação de partículas Aoculentas e sedimentação de partículas em queda livre. As partículas discretas são aquelas que não alteram as suas caraterísticas (forma, tamanho, densidade) durante a queda. Na sedimentação em queda livre (ou seja, sem interferência entre as partículas), as partículas são suportadas por forças hidráulicas e a sua queda pode ser descrita pela lei de Stokes (Torres *et al.*, 2008). A lei de Stokes é uma modelação clássica (Eq. 2.1) que permite determinar a velocidade de sedimentação para uma partícula rígida, lisa, esférica e não coloidal sedimentando num fluido newtoniano viscoso, que foi proposta por Stokes em 1850, considerando que o regime de escoamento laminar do fluido sobre a partícula é laminar, com uma gama de valores para o número de Reynolds inferior a 0,25 (Salinas e Fuentes, 2012).

$$v = \frac{(\rho_p - \rho_f) \cdot D^2 \cdot Z \cdot g}{18 \cdot \mu} \qquad \text{(Ec. 2.1)}$$

Em que Z é o fator de aceleração, p é a densidade média das partículas (kg/m³), p é a densidade média do fluido (kg/m³), D é o diâmetro das partículas (m), g é a aceleração da gravidade (m/s²), μ é a viscosidade dinâmica do fluido (Pa.s).

A agregação, por outro lado, ocorre quando o movimento browniano, a sedimentação ou um sistema de agitação faz com que duas ou mais espécies dispersas tendam a aglomerar-se, podendo juntar-se nalguns pontos sem qualquer alteração da área de superfície total. Na agregação, as partículas mantêm a sua identidade, mas perdem a sua independência cinética à medida que os agregados se movem como uma única unidade. A agregação é por vezes referida como floculação ou coagulação, mas, no caso das suspensões, a coagulação e a floculação são frequentemente consideradas como representando dois tipos diferentes de agregação. Neste caso, a coagulação refere-se à formação de agregados compactos, enquanto a floculação se refere à formação de uma rede solta de partículas, ligadas através de interações de partículas de borda a borda e de borda a face (Schramm, 2005). A coalescência é o processo em que duas ou mais partículas coalescem para formar uma única unidade maior, com a eliminação de parte da interface líquido-líquido-líquido. Esta mudança irreversível exigiria uma entrada extra de energia para restaurar a distribuição original do tamanho das partículas (Núñez e Scrofani, 2011).

A instabilidade ou separação de fases é um parâmetro desfavorável na qualidade comercial das suspensões durante o armazenamento (Sherafati *et al.*, 2013). Nos sumos de fruta, as partículas com núcleos carregados positivamente (hidratos de carbono, proteínas) coexistem rodeadas por material celulósico carregado negativamente (pectina nativa). A degradação das pectinas exporia os núcleos positivos, podendo levar à agregação de polianiões e policátions e, eventualmente, à floculação das partículas (Genovese e Lozano, 2001). A distribuição do tamanho das partículas é outro fator importante na estabilidade das dispersões, uma vez que tamanhos maiores podem causar a precipitação de material insolúvel, levando à sedimentação das partículas (Schramm, 2005). Por sua vez, (Genovese et al., 1997) argumentam que as polpas de fruta possuem uma grande quantidade de materiais poliméricos insolúveis, o que pode aumentar a instabilidade física levando a suspensões alimentares. Vários estudos tentaram prever a cinética de separação de fases através de testes de sedimentação quantitativos. A influência dos componentes no processo de separação de fases em sumos de graviola foi analisada utilizando uma equação cinética de primeira ordem, encontrando uma diminuição na velocidade de sedimentação com o aumento dos polissacáridos solúveis de soja utilizados como estabilizadores (Fasolin e Cunha, 2012). Da mesma forma, Kaneiwa *et al.*, (2013)
implementaram um modelo cinético de primeira ordem para estudar a separação de fases em sumos de tomate estabilizados a altas pressões de homogeneização (HPH). Eles relatam uma redução na taxa de sedimentação, associada a uma redução no tamanho das partículas em suspensão.

A estabilidade de um sistema coloidal é determinada pela soma das forças repulsivas eléctricas da dupla camada e das forças de atração de van der Waals que as partículas experimentam quando se aproximam umas das outras. As forças repulsivas devem ser dominantes. Existem duas formas gerais de proporcionar estabilidade coloidal: eletrostática e esférica (Genovese *et al.*, 2007). A estabilização eletrostática resulta da presença de uma camada que se forma ou se fixa na superfície da partícula. Os tensioactivos, as nanopartículas ou os macro-iões adsorvidos têm um efeito semelhante. A repulsão ocorre quando as camadas adsorvidas ou enxertadas em duas partículas começam a sobrepor-se e geralmente aumenta rapidamente à medida que as camadas são comprimidas. A superfície das partículas coloidais pode adquirir uma carga superficial que, em alguns casos, está relacionada com as caraterísticas físico-químicas do meio e pode ser contrariada, com iões dissolvidos presentes no meio de dispersão, formando uma dupla camada eléctrica que, por sua vez, pode interagir com as duplas camadas de outras partículas em suspensão, criando uma repulsão de longo alcance devido a interações do tipo Coulombic que podem ser maiores em magnitude do que a atração por forças de dispersão. Esta interação repulsiva conduz à estabilidade da dispersão coloidal e é designada por estabilidade eletrostática. Uma maior espessura da dupla camada permite uma melhor estabilidade da suspensão (Urquijo, 2007). Ao contrário do fenómeno eletrostático, o processo esférico pode conferir uma verdadeira estabilidade termodinâmica, pelo que estas dispersões podem muitas vezes ser altamente concentradas e permanecerem estáveis, conduzindo a um comportamento altamente viscoelástico (Mewis e Wagner, 2012). A utilização de polímeros naturais e sintéticos para estabilizar dispersões coloidais aquosas é tecnologicamente importante, e a investigação extensiva nesta área tem-se centrado na adsorção e na estabilização esférica. Os polímeros podem causar repulsão entre as partículas, e a estabilidade esférica coloidal é alcançada quando são incorporados ou adsorvidos pelas partículas (Schramm, 2005).

A medição do potencial diferencial (Z) é utilizada para avaliar a estabilidade dos sistemas coloidais e é determinada pela técnica de eletroforese. O quadrado do potencial Z é proporcional à força de repulsão eletrostática entre partículas carregadas. Cada coloide contém uma carga eléctrica, geralmente de natureza positiva ou negativa. Estas cargas produzem forças de repulsão eletrostática entre partículas adjacentes. Se a carga for suficientemente elevada, as partículas permanecem discretas, dispersas e em suspensão. A remoção destas cargas produz o efeito oposto e os colóides aglomeram-se e sedimentam-se fora da suspensão (Pérez, 2009). Na literatura, há um grande número de pesquisas focadas no estudo da estabilidade de dispersões através da determinação do potencial Z (Croak e Corredig, 2006; Ly *et al.*, 2008; Benítez et al., 2009; Mirhosseini e Ping, 2010; Chivero *et al.*, 2015). As medições electrocinéticas em emulsões óleo-água mostram que a goma-arábica tem uma capacidade significativa para estabilizar a dispersão coloidal. Verificou-se também que a goma confere estabilidade à emulsão através de um mecanismo electroesférico, mas a contribuição esférica é dominante (Jayme *et al.*, 1999).

Giupponi e Pagonabarraga (2011) realizaram a determinação do potencial zeta para suspensões coloidais altamente carregadas e mostraram que a concentração de iões de carga oposta na suspensão tem um efeito significativo no potencial Z. Genovese e Lozano (2001) verificaram que a melhor estabilidade do sumo de maçã é alcançada quando se utiliza 0,4% w/w de goma xantana (potencial Z > -35mV). Abbasi e Mohammadi (2013) deduziram, através de estudos reológicos e da determinação do potencial Z, que a aplicação de goma persa conduz à estabilização das repulsões electrostáticas e esféricas nos sumos de laranja e de leite (potencial Z > -25 mV). Um aumento dos valores do potencial zeta quando as combinações de goma guar e goma xantana foram implementadas numa bebida típica iraniana (Dooh) levou a uma excelente estabilidade da suspensão (Fayyaz *et al.*, 2014). Uma visão mais ampla destes critérios de estabilidade desenvolvidos para suspensões de partículas é apresentada em pormenor no Quadro 2-5.

Quadro 1-5: Critérios de estabilidade baseados no potencial zeta (Schramm, 2005).

Caraterísticas de estabilidade	Potencial Z (mV)
Aglomeração e precipitação máximas	+3 a zero
Excelente aglomeração e precipitação	-1 a -4
Aglomeração e precipitação favoráveis	-5a-10
Limiar de aglomeração (aglomeração de 2-10 partículas)	-11 a-20
Platô de estabilidade leve (pouca aglomeração)	-21 a -30
Estabilidade moderada (sem aglomeração)	-31 a -40
Boa estabilidade	-41 a -50
Muito boa estabilidade	-51 a -60
Excelente estabilidade	-61 a -80
Estabilidade máximaPara sólidos	-81 a-100
Para emulsões	-81 a-125

1.6 Reologia da suspensão

1.6.1 Importância da reologia nas suspensões alimentares

A reologia é o estudo da deformação e do fluxo da matéria, e é uma técnica instrumental amplamente utilizada na caraterização de matérias-primas e em processos de processamento e preservação (Stading, 2011). As propriedades reológicas dos fluidos alimentares são úteis durante o processamento e manuseamento de alimentos, que envolve o fluxo de fluidos em operações como a pasteurização, a evaporação e a desidratação. Além disso, na avaliação da qualidade, na análise da estrutura, no projeto de equipamentos, nos requisitos do sistema e do transporte (Quek *et al.*, 2013).

O estudo teológico de uma suspensão de partículas é uma função complexa das suas propriedades físicas e dos processos que ocorrem à escala das partículas. Os factores mais importantes são a concentração, o tamanho, a forma, as interações e a deformabilidade (Mueller *et al.*, 2010). A maioria dos estudos e aspectos teóricos estão ligados à reologia de dispersões não alimentares, sistemas que apresentam partículas esféricas e rígidas. No entanto, devido ao carácter irregular e deformável das partículas de material vegetal, a reologia das suspensões alimentares é muito mais complexa do que a das suspensões monodispersas e das esferas sólidas. Além disso, podem ocorrer interações entre as partículas em suspensão e a fase contínua, o que complica ainda mais o estudo dos parâmetros reológicos (Mewis e Wagner, 2012; Moelants *et al.*, 2013).

Outro aspeto interessante das propriedades dos sistemas fluidos centra-se no estudo do comportamento de estabilidade das suspensões. A instabilidade estrutural devida à sedimentação tem sido observada em sistemas que envolvem partículas sólidas e fluidos não newtonianos. Quando suspensões de partículas sólidas de polímeros sedimentam sob condições de fluxo progressivo, observou-se que a estrutura da suspensão se torna instável sob certas condições (Phillips, 2010). Ao considerar uma bebida como um fluido líquido com caraterísticas de uma dispersão coloidal, as propriedades de fluxo são cruciais no estudo do seu comportamento. A viscosidade elevada pode ser um problema que pode ser tratado como uma resistência ao fluxo, ou pode ser uma propriedade desejável para a formulação de uma dispersão. A lei de Stokes considera que a velocidade terminal de sedimentação é inversamente proporcional à viscosidade de uma dispersão coloidal, o que tem um impacto direto na sedimentação das partículas, o que é indicativo de instabilidade física (Schramm, 2005). As alterações reológicas na fase contínua de uma dispersão podem levar a um aumento da estabilidade da suspensão durante períodos de tempo mais longos devido à retenção das partículas em suspensão. A adição de colóides hidrofílicos aumenta a viscosidade de um meio contínuo e ajuda a manter as partículas em suspensão e a evitar a precipitação (Genovese e Lozano, 2001).

Nos produtos alimentares, a reologia fornece diretrizes para a definição de um conjunto de parâmetros, que podem ser correlacionados com outros atributos de qualidade (Garriga, 2002). As caraterísticas reológicas podem ser de grande interesse para modificar o processamento ou a formulação de um produto final, de modo a que os parâmetros de textura do alimento estejam dentro da gama considerada desejável pelos consumidores (Stokes *et al.*, 2013). A influência da reologia de um determinado alimento na perceção gustativa pode ter duas origens principais: Primeiro, um efeito fisiológico devido à proximidade dos receptores gustativos e olfactivos com os receptores cinestésicos e térmicos da boca, uma vez que uma alteração do estado físico do material pode ter influência na sua perceção sensorial, e um efeito relacionado com as propriedades bulk do material (e.g. textura ou viscosidade), uma vez que as propriedades físicas do material podem afetar a velocidade e o grau com que o estímulo sensorial atinge os receptores gustativos. Em segundo lugar, nos sistemas fluidos, onde as soluções e dispersões de hidrocolóides são utilizadas como sistemas modelo, foi geralmente demonstrado que um aumento da viscosidade pode reduzir a perceção da doçura (Rao, 2006).

As medições reológicas também têm sido consideradas como ferramentas analíticas que fornecem informações fundamentais sobre a organização estrutural dos alimentos, sendo que a resposta teológica de um material depende das suas interações moleculares. Assim, os parâmetros teológicos medidos nos alimentos fornecem informações sobre o comportamento mecânico da estrutura. Raeuber e Nikolaus (1980) salientaram que a microscopia descreve a estrutura visível, mas a ligação mecânica só pode ser conhecida intrinsecamente através de parâmetros teológicos que são revelados sob a aplicação de tensão-deformação. As propriedades teológicas são sensíveis a variações na estrutura molecular e são úteis no desenvolvimento de relações estrutura-função para sistemas de polissacáridos em solução.

1.6.2 Viscosidade de uma suspensão

As forças de atração que mantêm as moléculas a distâncias mínimas umas das outras, induzindo uma coesão suficiente nos fluidos, significam que existem forças que se opõem ao movimento relativo de camadas adjacentes do fluido. Esta resistência oferecida pelos fluidos à deslocação é conhecida como viscosidade. Uma vez que existe uma grande variedade de fluidos cujo comportamento não é conforme ao de um fluido newtoniano, pelo menos numa determinada gama de tensões, o conceito de viscosidade intrínseca desaparece, surgindo então o termo viscosidade aparente μ, que se define como (Eq. 2.2) (Garriga, 2002).

$$\mu = \frac{\sigma}{\gamma} \qquad \text{(Ec. 2.2)}$$

[1]Onde, o^é a tensão de cisalhamento [Pa], e sim a taxa de deformação [s].

A viscosidade de uma suspensão é uma função da forma e da concentração das partículas. Se forem adicionados aditivos miscíveis à fase contínua, a viscosidade da suspensão será afetada; no entanto, é difícil prever como isso afectará o seu comportamento. Para suspensões diluídas e partículas esféricas, a variação da viscosidade causada pela presença da fase dispersa na fase contínua descreve um comportamento newtoniano, baseado no facto de a fase dispersa ser muito diluída, ou seja, as partículas estão tão distantes umas das outras que não interagem entre si (Mueller *et al.*, 2010). Quando se trabalha com suspensões concentradas, as linhas de fluxo são modificadas, produzindo um aumento na dissipação de energia e, assim, aumentando a viscosidade, e o fluido apresenta um comportamento não-Newtoniano. Do mesmo modo, quando estão presentes partículas não esféricas, a suspensão manifesta um carácter não newtoniano; além disso, como estas partículas não são rígidas, deformam-se com o fluxo e podem apresentar um comportamento viscoelástico (Pabst, 2004).

Durante o processamento, transporte e armazenamento, as suspensões alimentares são sujeitas a diferentes condições de temperatura, o que torna essencial o estudo da alteração das propriedades reológicas em função desta variável termodinâmica. Os líquidos têm coeficientes de viscosidade invariantes, que diminuem com a temperatura. Em geral, o efeito da temperatura na reologia das suspensões tem sido estudado através da equação de Arrhenius (Eq. 2.3).

$$X = X_o \, e^{\left(E_a/RT\right)} \qquad \text{(Ec. 2.3)}$$

[oa]Onde X é uma propriedade teológica qualquer, X é uma constante, E é a energia de ativação, *Res* é a constante dos gases e T'é a temperatura em escala absoluta.

Houve uma série de investigações em que foi relatada uma diminuição significativa da viscosidade dos sumos de fruta com o aumento da temperatura de processamento (Chin *et al.*, 2009; Vandresen *et al.*, 2009; Ibrahim *et al.*, 2011; Quek *et al.*, 2013; Shamsudin *et al.*, 2013). No entanto, não existem estudos sobre o efeito da temperatura no comportamento teológico das bebidas de tomate de árvore. Alguns estudos referiram que os modelos estimados representam adequadamente o comportamento dos parâmetros reológicos, como o coeficiente de consistência (K) e o índice de comportamento do fluxo *(n)*, dos sumos de fruta em função da temperatura, utilizando a equação de Arrhenius. Kaya e Sözer (2005) sugerem que esta relação pode ser usada com sucesso para estimar a dependência da temperatura no comportamento reológico de fluidos alimentares ricos em açúcar e sumos de fruta pouco concentrados (Tabela 2-6). [3]A energia de ativação *(E)* indica a sensibilidade da viscosidade às mudanças de temperatura. [3]Valores mais elevados de E significam que a viscosidade aparente é relativamente mais sensível à temperatura.

Tabela 1-6: Parâmetros reológicos em algumas dispersões alimentares.

Produto	^{0}T(C)	^{n}K (Pa.s)	n	$_o^n$K (Pa.s) / Дo (Pa.s)	E_a (kJ/mol)	Bibliografia
Puré de pêssego	25-55	0,3 3,4	0,460,78 -	-	24,0 30,0	Guerreiro e Alzamora, (1998)
Concentrado de sumo de uva	35-65	0,28 2,53	0,720,85	2,4E-03- 3,5E05	13,37 28,59	Arslan, (2003)
Puré de mirtilo	25-60	0,07 7,20	0,640,49	-	10,7 21,7	Nindo eta/., (2007)
Sumo de toranja	6-75	0,004 - 3,76	0,501,05	3,0E-04- 9,9E-08	22,12 34,02	Chin et al., (2009)
Sumo de cenoura	8-85	-	-	2,1E-02- 2,9E-03	12,83 15,30	Vandresen et al., (2009)
Sumo de graviola	10-50	0.001 - 5,22	0,40 1,03	5,2E-08- 5,8E-02	30,48 - 10,23	Queketa/., (2013)
Sumo de ananás	5-25	0,001 - 0,012	0,94 0,98	3,0E-04- 5,0E-04	6,80 8,50	Shamsudin et *al.*, (2013)
Sumo de kiwi	25-65	0,15 - 5,56	0,360,41 -	0,3E-04 - 5,3E-04	24,72 - 34,29	Goula y Adamopulos (2011)
Sumo de beterraba	30-80	0,007 - 0,98	0,620,99 -	1,2E-02 - 2,4E-03	14,80 25,03	Kumar e Kumar (2015)

1.6.3 Determinação da viscosidade aparente

Uma das geometrias mais adequadas para as determinações com líquidos não newtonianos é a dos cilindros concêntricos (Fig. 2-1). Nestas, a velocidade de deformação é idêntica em toda a amostra, desde que os efeitos extremos sejam minimizados; além disso, permitem uma modificação controlada da velocidade de deformação tangencial e do tempo de funcionamento (Steffe, 1996). A regulação da velocidade (para cima ou para baixo) e a leitura dos valores correspondentes devem ser efectuadas sem parar a rotação. Existem viscosímetros de cilindro coaxial em que o fluido é cisalhado no espaço entre dois cilindros coaxiais de raio diferente, podendo funcionar de modo a que o cilindro móvel seja o cilindro interior (tipo Searle) ou o cilindro exterior (tipo Coutte). O cilindro móvel pode rodar a uma velocidade constante, sendo medido o momento exercido pelo fluido, ou pode ser aplicado um momento constante e medida a velocidade angular (Mewis e Wagner, 2012).

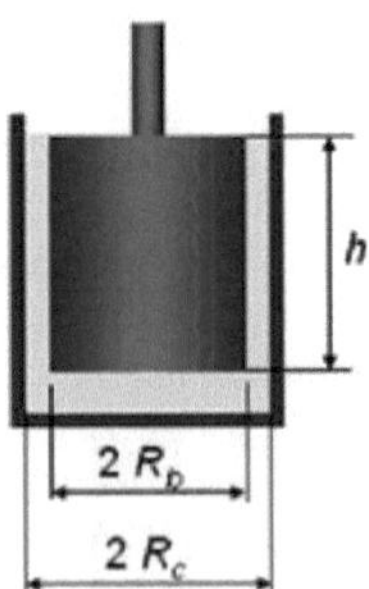

Figura 1-1: Representação esquemática da geometria de um cilindro concêntrico. (Zhong e Daubert, (2007).

As principais limitações dos viscosímetros com geometria de cilindro coaxial são quando os sistemas dispersos apresentam separações de fase, que causam "deslizamento" nas superfícies do cilindro. Neste caso, o equipamento regista a viscosidade da fase contínua e não a da dispersão homogénea. Por outro lado, o cilindro do rotor deve estar completamente imerso no fluido para que as forças que actuam nas suas extremidades se anulem exatamente. Quanto mais próxima e exacta for a determinação da viscosidade, maior será a viscosidade do fluido a estudar (Rao, 2006).

O cilindro em movimento é rodado a uma velocidade angular fixa (Ω), sendo registado o binário (M) necessário para manter constante esta tensão de corte. A velocidade angular, expressa em radianos/segundo, é convertida em rotações/minuto com a seguinte relação (Eq. 2.4) (Zhong e Daubert, 2007):

$$1\ \text{rpm} = \left(\frac{1\ \text{revolution}}{1\ \text{min}}\right)\left(\frac{2\pi}{1\ \text{revolution}}\right)\left(\frac{1\text{min}}{60\text{s}}\right) = 0,105\ \text{rad/s} \qquad \text{(Ec. 2.4)}$$

Para o cilindro móvel com raio Rb y um cilindro fixo de raio Re, a tensão de cisalhamento y taxa de cisalhamento, pode ser estimada da seguinte forma (Eq. 2.5, Eq. 2.6).

$$\sigma_b = \frac{M}{2\pi h R_b^2} \qquad \text{(Ec. 2.5)}$$

$$\gamma_b = \frac{\Omega R_b}{R_c - R_b} \qquad \text{(Ec. 2.6)}$$

1.6.4 Modelos reológicos

Têm sido utilizados numerosos modelos reológicos para descrever o comportamento do fluxo dos alimentos. Estes modelos são utilizados para correlacionar o comportamento de vários fluidos numa vasta gama de cisalhamento, embora por vezes um único modelo não seja suficiente para descrever o comportamento de um determinado fluido. Deve-se notar que a maioria dos fluidos alimentares não tem um comportamento newtoniano (Quek *et al.*, 2013).

Existem dois tipos de fluidos, dependendo da aplicação de tensões de cisalhamento. Fluidos independentes do tempo (dilatantes, plásticos e pseudoplásticos), em que a taxa de deformação é uma função não linear monovalorada da tensão de cisalhamento aplicada e não têm memória reológica (Garriga, 2002). O comportamento mais comum nas dispersões alimentares está associado aos fluidos de diluição por cisalhamento, que se caracterizam por uma diminuição da viscosidade e da tensão de cisalhamento com a taxa de deformação (Fig. 2-2). Esses fluidos apresentam índices de comportamento de fluxo inferiores à unidade ($^<1,0$) (Shamsudin *et al.*, 2013). A Tabela 2-7 lista os modelos mais comuns utilizados para descrever o comportamento reológico de fluidos independentes do tempo. Quanto menos parâmetros um fluido tiver, mais simples é a sua reologia e mais aplicável é como modelo de ajuste reométrico (Gratáo *et al*, 2007).

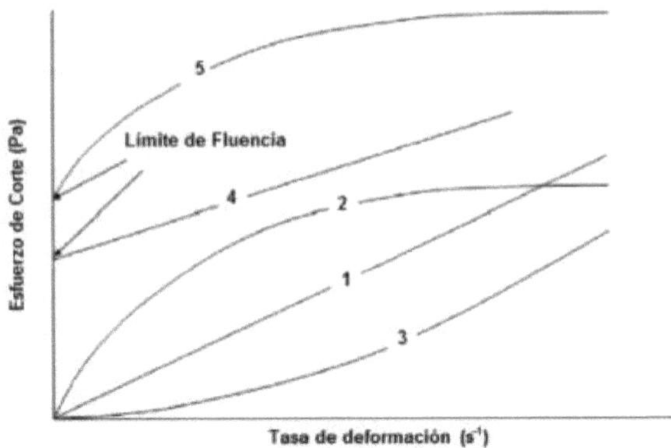

Figura 1-2: Comportamento típico de fluidos dependentes do tempo: 1) Newtoniano, 2) Pseudoplástico, 3) Dilatante, 4) Plástico de Bingham, 5) Herschel-Bulkley (Zhong e Daubert, 2007).

Tabela 1-7: Modelos reológicos independentes do tempo para fluidos não-Newtonianos.

Modelo	Equação* Equação* Equação* Equação* Equação* Equação* Equação* Equação* Equação* Equação	Parâmetros
Casson Mizrahy e Berk	$\sigma^{0.5} = (\sigma_o)^{0.5} + K_1(\gamma^{0.5})$	σ_o, K_1
Ellis Herschel-Bulkley	$\sigma^{0.5} = (\sigma_o)^{0.5} + K_1(\gamma)^{n_1}$	σ_o, K_1, n
Série Power	$\gamma = K_1\sigma + K_2(\sigma)^n$	σ, K_1, n
Carreau	$\sigma^{\eta_1} = (\sigma_o)^{n_1} + K_1(\gamma^{n_2})$	σ_o, K_1, n_1, n_2
	$\gamma = K_1\sigma + K_2(\sigma)^3 + K_3(\sigma)^5 + \ldots$	$\sigma, \gamma, K_1, K_2, K_3$
	$\sigma = K_1\gamma + K_2(\gamma)^3 + K_3(\gamma)^5 + \ldots$	
	$\mu = \mu_\infty + (\mu_0 - \mu_\infty)[1 + (K_1\gamma)^2]^{\frac{(n-1)}{2}}$	$\mu, \mu_0, \mu_\infty, n, K_1$
Cruz	$\mu = \mu_\infty + \dfrac{(\mu_0 - \mu_\infty)}{1 + (K_1\gamma)^n}$	$\mu, \mu_0, \mu_\infty, n, K_1$
Reiner-Philippoff	$\sigma = \left(\mu_\infty + \dfrac{(\mu_0 - \mu_\infty)}{1 + ((\sigma)^2/K_1)}\right)\gamma$	$\mu_0, \mu_\infty, \gamma, K_1$

\(Mezger, 2006)

Tabela 2-7: (continuação)

*K_1, K_2, K_3 y n_1, n_2 são constantes arbitrárias e índices de potência, respetivamente, determinados a partir dos dados experimentais.

O segundo grupo corresponde aos fluidos dependentes do tempo. Neste tipo de fluido, a taxa de deformação não é uma função de valor único da tensão e varia de acordo com a história dos estados anteriores. Possuem memória reológica de curto prazo, que se traduz numa medida de viscosidade aparente. Se a viscosidade diminui ao longo do tempo a uma dada taxa de deformação, trata-se de um fluido tixotrópico; se aumenta, o fluido é denominado reopéctico. O comportamento dos modelos tixotrópicos e reopécticos é pouco comum ou raramente encontrado nos produtos alimentares, porque os fenómenos não se regem ao longo do tempo ou não são predominantes. O comportamento dos fluidos com esta variação de viscosidade é altamente dependente da história e podem ser obtidas curvas diferentes para a mesma amostra, dependendo do procedimento experimental (Garriga, 2002).

Devido à importância das propriedades reológicas no processamento de suspensões alimentares, são construídos modelos reológicos para representar os dados reológicos. Numerosos modelos reológicos têm sido utilizados para descrever o comportamento do fluxo em sumos de fruta e suspensões alimentares, tais como a lei de Newton, Herschel-Bulkey, lei da potência, Bingham, Croosy Casson (Fasolin e Cunha, 2012; Vandresen et al., 2009; Quek *et al.*, 2013; Shamsudin *et al.*, 2013). Em geral, a maioria dos fluidos alimentares tem um comportamento não-Newtoniano. O modelo da lei da potência é o mais utilizado para descrever o comportamento reológico da maioria dos sumos de fruta, especialmente em operações de manuseamento, aquecimento e arrefecimento, por ser conveniente, simples e fácil de utilizar (Gratáo *et al.*, 2007).

1.6.5 Viscoelasticidade

Um corpo sob a ação de uma força externa pode, idealmente, apresentar dois comportamentos extremos: elástico e viscoso. O comportamento elástico é descrito pela lei *de Hooke, de* modo que a tensão interna é diretamente proporcional à deformação instantânea, e é caraterístico dos sólidos puros, em que a energia de deformação é totalmente recuperada quando a força desaparece, recuperando a forma original. O comportamento viscoso é caraterístico dos fluidos puros, que se deformam de forma não reversível, uma vez que a energia de deformação é dissipada sob a forma de calor, e a forma original não é recuperada quando a força desaparece. Estes fluidos seguem a lei *de Newton,* de tal forma que a tensão interna é diretamente proporcional ao gradiente de deformação, mas independente da própria deformação (Rao, 2006).

Em geral, os materiais têm um comportamento intermédio entre estes dois extremos, dissipando a energia de deformação à medida que fluem, enquanto armazenam energia para recuperar parcialmente a sua forma original quando a tensão desaparece. Estes materiais são designados por *viscoelásticos.* O estudo das propriedades viscoelásticas relaciona a tensão de cisalhamento, a deformação e o tempo por meio de uma *equação reológica de estado.* Para facilitar o estudo por meio de equações diferenciais lineares, estabelece-se inicialmente a região de viscoelasticidade linear (RVL), um intervalo no qual a relação entre a tensão e a deformação é apenas uma função do tempo ou da frequência, mas não depende da magnitude da tensão aplicada (Fig. 2-3) (Steffe, 1996) (Steffe, 1996).

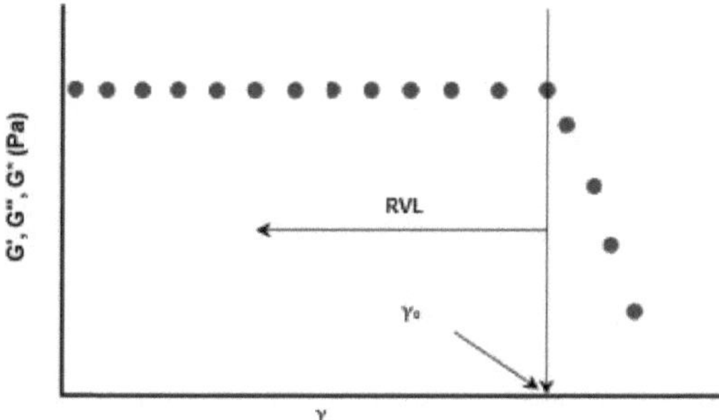

Figura 1-3. Ilustração de um ensaio típico de varrimento de deformação utilizado para determinar o limite

21

A fim de fornecer informações para tempos muito curtos, a tensão ou deformação pode ser variada periodicamente, seguindo uma função sinusoidal numa determinada frequência. Uma experiência de frequência oscilatória é qualitativamente equivalente a uma experiência de tempo transiente (tempo inverso). A magnitude da deformação ou tensão aplicada deve ser mínima, de modo a permanecer no intervalo RVL, ou seja, aplicar uma deformação seguindo a função (Eq. 2.7):

$$\dot{\gamma}(t) = \dot{\gamma}_0\, sen(\omega t) \tag{Ec. 2.7}$$

$_0$Onde γ é a amplitude e ω é a frequência de oscilação, medindo o esforço necessário para manter esta deformação e a sua variação com a frequência. No caso de um sólido elástico, a tensão de cisalhamento será máxima quando a deformação for máxima, ou seja, quando $sin\,(\omega t)=l$, e portanto, ωt é um número ímpar de vezes $\pi/2$. A resposta do material com a perturbação aplicada será (Eq. 2.8):

$$\sigma(t) = \sigma_0\, sen(\omega t) \tag{Ec. 2.8}$$

Se o material for viscoso puro, a tensão de cisalhamento será máxima quando a taxa de deformação for máxima, que, sendo a derivada da deformação em relação ao tempo, é dada pela expressão (Eq. 2.9):

$$\dot{\gamma} = \frac{d\dot{\gamma}}{dt} = \dot{\gamma}_0\omega[\cos(\omega t)] \tag{Ec. 2.9}$$

Ou seja, segue a função (Eq. 2.10):

$$\sigma = \sigma_0 \cos(\omega t) = \sigma_0 sen\left(\omega t + \frac{\pi}{2}\right) \tag{Ec. 2.10}$$

A partir dessas equações, pode-se ver que, no caso de um sólido elástico, a tensão de cisalhamento está em fase com a deformação, enquanto que para um fluido viscoso há uma diferença de fase de $\pi/2$ radianos. Portanto, um fluido viscoelástico terá uma mudança de fase entre 0 e $\pi/2$, que indicará a relação entre elasticidade e viscosidade, e dependerá da frequência de oscilação. Por exemplo, a frequências muito elevadas, correspondentes a tempos muito curtos, o material não tem tempo para relaxar e o seu comportamento é próximo do de um sólido elástico, com um ângulo de fase pequeno. Pelo contrário, a baixas frequências, o material tem tempo para relaxar e fluir e, portanto, comporta-se de forma mais viscosa, o que implica um ângulo de fase maior (Fig. 2-4) (Steffe, 1996).

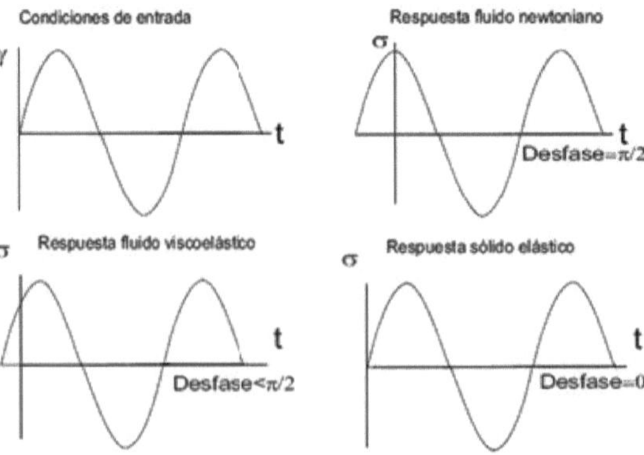

Figura 1-4: Comportamento de um material sujeito a um ensaio oscilatório (Rao, 2006).

Se δ for o ângulo de fase, que depende de ω e se se tiver em conta que σ é proporcional a γ e também depende de ω, σ pode ser expresso como (Eq. 2.11):

$$\sigma = G^*(\dot{\gamma}_0)[sen(\omega t + \delta)] \qquad \text{(Ec. 2.11)}$$

Onde G^* é a constante de proporcionalidade entre as amplitudes de tensão e deformação, e é chamado de módulo complexo. No entanto, o módulo de armazenamento (G') e o módulo de perda (G'') dados pelas expressões (Eq. 2.12, Eq. 2.13) são mais comummente utilizados:

$$G' = G^* \cos(\delta) \qquad \text{(Ec. 2.12)}$$

$$G'' = G^* sen(\delta) \qquad \text{(Ec. 2.13)}$$

O valor de G' é uma medida da energia de deformação armazenada pela amostra durante o processo de deformação. Após a remoção da carga, esta energia fica totalmente disponível, actuando agora como a força motriz para o processo de reforma que compensa parcial ou totalmente a deformação da estrutura obtida anteriormente. Os materiais que armazenam toda a energia durante a deformação apresentam um comportamento de deformação totalmente reversível. Por conseguinte, G' representa o comportamento elástico de um material (Mezger, 2006).

O valor G é uma medida da energia de deformação utilizada pela amostra durante o processo de corte e que, por conseguinte, é perdida pela amostra posteriormente. Esta energia é gasta durante o processo de alteração da estrutura do material, por exemplo, quando a amostra está a fluir parcial ou totalmente. Diz-se que a energia consumida durante este processo de fricção é "dissipada". Parte desta energia aquece o material e outra parte é perdida para o meio circundante sob a forma de calor. Por conseguinte, G'' representa o comportamento viscoso de um material (Mezger, 2006).

Outra função material popular utilizada para descrever o comportamento viscoelástico é a tangente da mudança de fase ou ângulo de fase (designada tan delta), que também é uma função da frequência (Eq. 2.14):

$$\tan(\delta) = \frac{G''}{G'} \qquad \text{(Ec. 2.14)}$$

Se $G' > G$, o comportamento elástico predomina sobre o comportamento viscoso. Este tipo de material apresenta uma certa rigidez e é caraterístico de sólidos ou pastas estáveis. No entanto, muitas dispersões, tais como produtos farmacêuticos, loções ou produtos alimentares, apresentam uma tendência de fluxo de viscosidade baixa a média e taxas de deformação elevadas, e $G' > G''$ (tan $\delta < 1,0$) no RVL. Neste caso, diz-se que o material possui uma estrutura semelhante a um gel fraco, e é concebido como uma forma de estabilidade (Mezger, 2006). Este comportamento tem sido caraterístico em sumos, polpas e outras suspensões derivadas de frutos (Meng e Rao, 2005; Moraes *et al.*, 2011; Chaikham e Apichartsrangkoon, 2012; Abbasi e Mohammadi, 2013; Augusto *et al.*, 2013; Moelants *et al.*, 2013; Ma *et al.*, 2013). Este mesmo comportamento foi encontrado no gel de aloé vera numa gama de temperaturas de 15 a 45 C. Benchabane e Bekkour (2008) destacam o efeito dominante do módulo elástico em comparação com o módulo viscoso em suspensões de CMC de baixa concentração (<2,0%). Song *et al.* (2006), em suspensões viscoelásticas de goma xantana inferiores a 3%, citam a importância da dominância do módulo elástico com valores de tangente de perda inferiores à unidade (tan $\delta < 0,5$).

Se $G'' > G$ o comportamento viscoso domina o elástico. O material apresenta o comportamento de um líquido no RVL (tan $\delta > 1,0$). Estes materiais geralmente não

23

apresentam um comportamento estável em repouso, embora este comportamento possa ocorrer em fluidos com um caudal muito baixo. [1]Todos os fluidos que exibem viscosidade de cisalhamento zero quando em repouso, ou seja, avaliados a uma taxa de deformação $\leq 0,01$ s, exibem esse comportamento. Outros exemplos incluem soluções de polímeros, polímeros não ligados (silicone), vernizes altamente viscosos, tintas de impressão, entre outros (Mezger, 2006).

EFEITO DA INCORPORAÇÃO DE HIDROCOLÓIDES E ALOÉ VERA NAS PROPRIEDADES FÍSICO-QUÍMICAS E NO GRAU DE ESTABILIDADE DAS BEBIDAS DE TOMATE DE ÁRVORE *(CYPHOMANDRA BETACEA)*

RESUMO - Avaliou-se o efeito da incorporação de hidrocolóides (goma xantana, CMC) e aloé vera *(Aloe barbadensis Miller)* nas caraterísticas físico-químicas e no grau de estabilidade de bebidas de tomate de árvore *(Cyphomandra betacea)*. As concentrações elevadas de hidrocolóides controlaram a separação de fases das bebidas durante o armazenamento. As concentrações de goma xantana e CMC a 0,05% são postuladas como tratamentos adequados na estabilidade física das bebidas, expressas em baixas velocidades de decantação e altos valores de potencial Z (>30mV), sem afetar significativamente as propriedades físico-químicas, os parâmetros de cor e os atributos sensoriais. A incorporação de gel de aloé vera afectou significativamente o pH e a acidez titulável (p>0,05), mas o seu efeito na instabilidade física não foi significativo. Os resultados sugerem que, devido ao carácter hidrofílico e aniónico dos hidrocolóides, estes são eficazes nos processos de estabilidade esférica e eletrostática, preservando as propriedades físico-químicas e sensoriais das bebidas de tomate arbóreo.
Palavras-chave: Hidrocolóides, sedimentação, potencial Z, aloé vera, cor.

RESUMO - Foi avaliado o efeito da adição de hidrocolóides (goma xantana, CMC) e aloé vera (Aloe barbadensis Miller) nas caraterísticas físico-químicas e no grau de estabilidade de bebidas de tomateiro (Cyphomandra betacea). As concentrações elevadas de hidrocolóides controlaram a separação de fases das bebidas durante o armazenamento. As concentrações de goma xantana e CMC 0,05%, sugerem uma estabilidade física adequada nos tratamentos das bebidas, expressa em baixas taxas de sedimentação e altos valores de potencial zeta (> 30mV), sem afetar significativamente as propriedades físico-químicas, parâmetros de cor e atributos sensoriais. A adição de gel de aloé vera afectou significativamente o pH e a acidez titulável (p>0,05), mas o seu efeito na instabilidade física não foi significativo. Os resultados sugerem que, devido ao carácter hidrofílico e aniónico dos hidrocolóides, estes são eficazes no processo de estabilidade eletrostática e estérica, mantendo as propriedades físico-químicas e sensoriais das bebidas de tomate arbóreo.
Palavras-chave: Hidrocolóides, sedimentação, potencial zeta, aloé vera, cor.

INTRODUÇÃO

Na Colômbia, o tamarillo ou tomate de árvore *(Solanum betaceum cv. sendtn)* é um produto promissor para a exportação e, devido à sua cor, a variedade laranja tem sido a mais aceite internacionalmente. A sua polpa é muito apreciada pelo seu aroma agradável, sabor agridoce e cor alaranjada (Meza e Manzano, 2009). O tomate de árvore é conhecido pelo seu elevado teor de vitaminas, minerais, carotenóides, antocianinas e outros compostos fenólicos (Márquez *et al.*, 2007; Nascimento *et al.*, 2013; Castro *et al.*, 2013). Estes compostos não são apenas responsáveis pela cor do fruto, mas também possuem propriedades biológicas, terapêuticas e preventivas (Castro *et al.*, 2013). A polpa é utilizada na produção de sumos, néctares, compotas, saladas e conservas (Meza e Manzano, 2009).

A polpa do fruto tem uma grande quantidade de material polimérico insolúvel, o que aumenta a instabilidade física levando à separação de fases durante o armazenamento, particularmente em suspensões alimentares (Genovese *et al.*, 1997). Vários estudos destacam as propriedades funcionais do aloé vera, e referem que a inclusão destes componentes nos alimentos reforça o seu valor nutricional (Habeeb *et al.*, 2007; Ramachandra *et al.*, 2008; Boghani *et al.*, 2012). No entanto, o gel de aloé vera *(Aloe barbadensis* Miller) é um produto mucilaginoso que contém materiais poliméricos, aminoácidos, lípidos, minerais e vitaminas, que podem afetar a estabilidade das dispersões (Yaron *et al.*, 1992).

A separação de fases no desenvolvimento de produtos líquidos é um defeito de qualidade que afecta a comercialização e a aceitabilidade do produto (Ibrahim *etal.*, 2011). Uma vez que as partículas dos néctares de fruta têm uma carga negativa, espera-se que a adição de hidrocolóides aniónicos aumente as forças de repulsão eletrostática entre as partículas. A goma xantana e a carboximetilcelulose (CMC) são polissacarídeos hidrofílicos e carregados negativamente, levando à estabilização esférica e eletrostática de partículas insolúveis (Genovese e Lozano, 2001; Liang *et al.*, 2006). Do mesmo modo, os hidrocolóides, devido à sua elevada capacidade de retenção de água, permitem regular as caraterísticas reológicas e texturais dos sistemas alimentares, aumentando a viscosidade, criando uma estrutura tipo gel e proporcionando estabilidade física (Sahin e Ozdemir, 2007). Existe um grande corpo de pesquisa relacionado ao uso de hidrocoloides (como goma xantana, CMC, goma guar, gelana, pectina, quitosana, entre outros) em dispersões alimentares (Genovese e Lozano, 2001; Liang *et al.*, 2006; Ibrahim *et al.*, 2011; Sahin e Ozdemir, 2007; Ghafoor *et al.*, 2008; Nwaokoro e Akanbi, 2015; Abbasi e Mohammadi, 2013; Lins *et al.*, 2014).

O objetivo do presente estudo foi avaliar o efeito da adição de hidrocolóides e aloé vera nas propriedades físico-químicas das bebidas de tomate de árvore e o seu impacto no grau de estabilidade das bebidas de tomate de árvore.

MATERIAIS E MÉTODOS

Foram utilizados frutos de tomate de árvore *(Cyphomandra betacea)* da variedade laranja comum. Os frutos foram selecionados com um grau de maturação e tipologia de cor 6 (NTC 4105/1997). Os hidrocolóides (goma xantana, carboximetilcelulose de sódio-CMC) e os conservantes de qualidade alimentar (benzoato de sódio e sorbato de potássio) foram fornecidos pela Bell Chem International S.A. O gel de Aloé vera *(Aloe barbadensis Miller)* de qualidade alimentar, com 98% de pureza, foi adquirido à Ayala Benard S.A.S.

Caracterização das matérias-primas: A caraterização físico-química da polpa de tomate arbóreo e do gel de aloé foi efectuada através da avaliação de propriedades como o pH, os sólidos solúveis totais (SST) e a acidez titulável, utilizando os protocolos da AOAC (2005). A viscosidade também foi calculada por reometria e o rendimento, expresso em percentagem (Márquez, 2009).

Preparação da bebida de néctar: O material vegetal foi desinfectado em soluções de hipoclorito de sódio a 100 ppm, durante 10 minutos, e finalmente lavado com água. A polpa foi extraída numa máquina de despolpamento (D1000, CITALSA, Colômbia). As bebidas foram formuladas a partir de uma base de 300 g, com um teor de polpa de 18% (NTC 3549/1999). °A sacarose foi utilizada como edulcorante e a água foi adicionada como solvente até se obter uma bebida com uma concentração de sólidos solúveis de 10 Brix. °Foi adicionada a respectiva quantidade de hidrocolóides, após preparação em suspensão aquosa a 40 C. Foi ainda adicionada uma mistura de conservantes igual a 0,125% para prolongar o prazo de validade e estudar o grau de estabilidade em condições de armazenamento. As bebidas foram homogeneizadas num dispersor ULTRA-TURRAX (IKA, T25 Basic, Alemanha) durante 60 s a 5000 rpm. Foram também submetidas a um processo de pasteurização suave a 60°C durante um minuto. O produto final foi embalado em recipientes de plástico (PET) e armazenado sob refrigeração para caraterização.

Propriedades físico-químicas: As bebidas de tomate arbóreo foram caracterizadas físico-quimicamente, determinando-se as seguintes propriedades com base na norma la AOAC (2005): °Concentração de sólidos solúveis (SST) expressa em Brix; potencial hidrogeniônico (pH); acidez titulável expressa em porcentagem de ácido cítrico; e densidade por picnometria utilizando água destilada como líquido de referência. As medições foram efectuadas em triplicado, à temperatura ambiente (25°C).

Determinação do potencial zeta: O potencial zeta foi determinado por eletroforese utilizando o instrumento Zeta-sizer (Modelo ZS90, Malvern, Reino Unido) de acordo com a metodologia proposta por Genovese e Lozano (2001). As amostras foram diluídas em água destilada numa proporção de 1:20. O estudo foi efectuado em triplicado à temperatura ambiente (25°C).

Tamanho de partícula: O tamanho de partícula das bebidas (PSD) foi determinado por dispersão de luz usando um Mastersizer (Modelo 3000E, Malvern, Reino Unido) guiado pela metodologia proposta por Kaneiwa *et al.* (2013). [i]O tamanho das partículas será expresso em função do diâmetro médio com base no rácio da área superficial (D [3.2]) e no rácio do volume (D [4.3]) de acordo com as expressões (Eq. 3.1, Eq. 3.2), em que *n* é o número de partículas com diâmetro *d*.

$$D[3,2] = \frac{\sum_i n_i d_i^3}{\sum_i n_i d_i^2}$$ (Ec. 3.1)

$$D[4,3] = \frac{\sum_i n_i d_i^4}{\sum_i n_i d_i^3}$$ (Ec. 3.2)

Foram estudados ambos os rácios, uma vez que D [4,3] é influenciado por partículas grandes, enquanto D [3,2] é mais influenciado por partículas pequenas (Bengtsson *etal.*, 2011).

Teste de sedimentação: A separação de fases foi estabelecida a partir da variação da altura observada em provetas graduadas de 50 mL, com base no protocolo descrito por Fasolin e Cunha (2012). [oo]As análises foram realizadas à temperatura de 10 C±2 C, por 120 horas, até atingir o equilíbrio de fases. A separação das fases foi observada visualmente, e o índice de sedimentação *(IS)* foi calculado utilizando a seguinte expressão (Eq. 3.3):

$$IS(\%) = \left(\frac{H_t}{H_o}\right) * 100$$ (Ec. 3.3)

[to]Onde *H* é a altura da fase superior na interface após um tempo t*y* *H* é a altura inicial. A influência das composições das formulações no processo de sedimentação foi analisada por meio de uma equação cinética de primeira ordem (Eq. 3.4).

$$IS = IS_{eq}(1 - e^{-vt})$$ (Ec. 3.4)

[1]Em que *IS* é o volume de sedimentos em equilíbrio, *t* o tempo e *v* a velocidade de sedimentação em h^.

Avaliação instrumental da cor: A medição da cor foi efectuada pelo sistema tristimulus CIELAB (L*, a*, b*) utilizando um espetrofotómetro de esfera (Modelo CR400, Konica-Minolta) guiado pela metodologia proposta por Fernández *et al.* Os resultados foram expressos em conformidade com a referência ao iluminante D65 e com um ângulo visual de 10°. As medições foram efectuadas em triplicado. A partir do espaço de cor uniforme CIELAB, foi determinada a diferença de cor (ΔE) definida pela seguinte expressão (Eq. 3.5).

$$\Delta E = \sqrt{(\Delta L^*)^2 + (\Delta a^*)^2 + (\Delta b^*)^2}$$ (Ec. 3.5)

Turbidez (turvação): As bebidas foram sedimentadas de forma acelerada utilizando uma centrifugadora (Hettich Universal, Modelo 320R, Alemanha) a 4200 *g* durante 15 min em tubos graduados de 25 ml. O sobrenadante foi recolhido e a absorvância foi determinada a 660 nm num espetrofotómetro UV-visível (Thermo Scientific, Evolution 60S, EUA), utilizando água destilada como padrão. O resultado foi diretamente relacionado com a turvação ou turvação do sobrenadante, uma vez que as partículas em suspensão absorvem mais radiação, e é inversamente proporcional à sedimentação (Silva *et al.*, 2010; Kubo *et al.*, 2013).

Caracterização das fases: As fases (sedimento e sobrenadante) obtidas após o processo de sedimentação por centrifugação, foram caracterizadas através da avaliação de parâmetros como a densidade, o potencial Z e a distribuição granulométrica, conforme descrito nas secções acima descritas. [o-1]A viscosidade foi determinada utilizando um viscosímetro (Brookfield, Modelo DV III Ultra, USA) com geometria de cilindro concêntrico, a 25 C e uma taxa de cisalhamento de 10s .

Análise sensorial: Foi efectuada uma avaliação sensorial utilizando um teste descritivo e paramétrico com uma escala não estruturada (Márquez, 2009). Foram avaliados parâmetros como a cor, o sabor, o aroma e o aspeto. A avaliação foi realizada com 15 juízes semi-treinados selecionados pelo seu conhecimento das caraterísticas sensoriais da polpa de tomate arbóreo. Após a ponderação do juiz por atributo, as pontuações foram estudadas e foi aplicada a respetiva análise estatística.

Desenho experimental: Para a experimentação foi estabelecido um desenho rotacional central com pontos axiais, com quatro réplicas no ponto central. Os factores e níveis estabelecidos no estudo estão definidos na Tabela 3-1. Os resultados foram analisados estatisticamente através da geração de superfícies de resposta, análise de variância, teste de falta de ajuste e determinação dos coeficientes de regressão, utilizando o software Statgraphics Centurion XVI, versão 16.1.18.

Quadro 2-1: Factores analisados e codificação dos níveis estabelecidos

Fator	Símbolo	Abaixo	Médio	Elevado
Codificação			0	+1
Aloé vera (%)	X_i		0,5	1,0	1,5
Goma xantana (%)	X_2	0,025	0,05	0,075
Carboximetilcelulose de sódio - CMC (%)	X_3	0,025	0,05	0,075

Os dados experimentais foram ajustados ao seguinte modelo de segunda ordem (Eq. 3.6):

$$Y = \beta_0 + \sum_{i=1}^{3}\beta_i X_i + \sum_{i=1}^{3}\beta_{ii}X^2{}_i + \sum\sum_{i<j=1}^{3}\beta_{ij}X_iX_j \qquad \text{(Ec. 3.6)}$$

$\beta_o, \beta_i, \beta_{ii}, \beta_{ij}$ Em que são os coeficientes de regressão para os termos de interceção, interação linear e quadrática, respetivamente, eX é a variável independente.

ANÁLISE E RESULTADOS

Caracterização das matérias-primas: A Tabela 3-2 apresenta em pormenor algumas caraterísticas físico-químicas da polpa de tomateiro e do gel de aloé vera. Os valores de pH, acidez titulável e concentração de sólidos são próximos dos relatados por Márquez *et al.* (2007) para o tomateiro e Elbandy *et al.* (2014) para o sumo de aloé vera. No entanto, é de notar que estas caraterísticas podem diferir em função da variedade, do grau de maturação ou das condições ecofisiológicas de crescimento.

Quadro 2-2: Propriedades físico-químicas da polpa de tomate arbóreo *(Cyphomandra betacea cv. Sendtn)* e do gel de aloé vera *(Aloe barbadensis Miller)*.

Caraterística	Pasta de papel	Gel
${}^{H}P$ -.	3,44 ± 0,39	4,33 ± 0,53
°SST (Brix)	11,20 ±1,10	4,20 ± 0,32
Acidez titulável (% ácido cítrico)	1,66 ± 0,08	1,12±0,02
Viscosidade (mPa.s)	2634 ± 87	3,10 ± 0,27
Rendimento (%)	69,35±2,62	-

Média aritmética ± erro padrão.

Propriedades físico-químicas: Os resultados das caraterísticas físico-químicas das bebidas de tomate de árvore formuladas com hidrocolóides e aloé vera estão detalhados na Tabela 3-3. A adição de hidrocolóides e aloé vera não exerceu um efeito significativo (p>0,05) no comportamento das propriedades físico-químicas das bebidas. Resultados semelhantes foram encontrados por Chatterjee *et al* (2004). Relatam que, nos sumos de fruta clarificados, a concentração de SST e a percentagem de acidez titulável não se alteraram significativamente após a adição de quitosano (p>0,05). Chaikham e Apichartsrangkoon (2012) relatam que a goma xantana não influenciou o pH e a titulação da acidez titulável dos sumos de *Dimocarpus longan*. Ao mesmo tempo, é relatado que os conteúdos de acidez, TSS e valor de pH mostram um comportamento definido, independentemente da concentração de goma *Enterolobium cyclocarpum*, em sumos de pêssego (Delmonte *etal.*, 2006).

Quadro 2-3: Propriedades físico-químicas das bebidas à base de tomate de árvore

Ensaio	Xi	X_2	X_3	pH	Acidez titulável (% ácido cítrico)	Densidade (g/mL)	^{0}SST (Brix)	Potencial Z "
T1	0	0	1,68	4,28	0,49	1,031	9,57	-36,90
T2	0	-1,68	0	4,31	0,51	1,029	9,37	-33,20
T3	-1,68	0	0	4,35	0,53	1,025	9,80	-37,40
T4		1	1	4,34	0,51	1,026	9,83	-35,93
T5	1		1	4,25	0,52	1,009	9,47	-29,33
T6	0	0	0	4,19	0,49	0,991	9,33	-38,27
T7	1	1		4,11	0,52	1,021	9,40	-38,90
T8	0	0	0	4,10	0,49	0,988	9,33	-36,46
T9	1			4,19	0,52	1,007	9,37	-30,53
T10	0	0	-1,68	4,19	0,50	1,024	9,67	-34,23
T11	0	1,68	0	4,31	0,52	1,022	9,70	-41,00
T12	1,68	0	0	4,31	0,54	1,027	9,70	-36,20
T13	0	0	0	4,09	0,51	1,021	9,53	-34,93
T14	0	0	0	4,09	0,51	0,977	9,40	-35,12
T15			1	4,26	0,44	1,029	9,60	-36,23
T16	1	1	1	4,21	0,53	1,024	9,63	-42,67
T17				4,32	0,54	0,977	9,57	-27,57
T18		1		4,25	0,54	1,033	9,43	-39,80
Controlo	-	-	-	4,35	0,49	1,047	9,90	-18,17

No entanto, a concentração de aloé vera revelou-se significativa na variação do pH e da acidez titulável das bebidas formuladas (p<0,05), resultado que é evidente na Fig. 3-1, onde se observa uma diminuição significativa do pH relacionada com um aumento da percentagem de acidez. Este facto deve-se provavelmente à presença de ácidos orgânicos constituintes do gel de aloé vera, intensificando a acidez das bebidas formuladas. Bozzi *et al.*, (2007) salientam que o gel de aloé vera contém ácido cítrico, ácido acético e ácido málico, que podem ser responsáveis pela diminuição do pH. Além disso, foi registada uma concentração de 1,23% de ácido cítrico no sumo de aloé (Boghani, 2012).

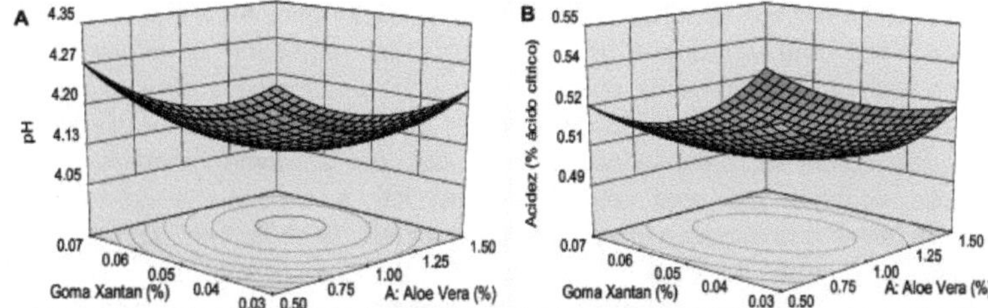

Figura 2-1: Superfícies de resposta do comportamento das propriedades físico-químicas das bebidas à base de tomate para uma concentração de CMC de 0,50%, para: (A) pH; (B) Acidez.

O valor do pH das bebidas oscilou entre 4,01 e 4,31, valores inferiores aos estimados para a bebida de controlo. Da mesma forma, verificou-se um aumento da acidez titulável nas bebidas tratadas em comparação com o controlo, diferenças associadas ao efeito das propriedades do gel de aloé. Elbandy *et al.* (2014) relataram um aumento significativo da acidez titulável e da titulação do pH em néctares de manga formulados com aloe vera. Por sua vez, Hamid *et al.* (2014) registam um aumento da acidez em néctares mistos de cenoura e laranja, que atribuem ao teor de ácidos (salicílico, urânico, fenólico) presentes no gel de aloé. ^{2}Os coeficientes de determinação (R) do modelo de ajuste para o comportamento do pH e da acidez titulável, respetivamente, foram superiores a 0,75

(Quadro 3-4).
Tabela 2-4: Coeficientes de regressão para o desempenho das propriedades físico-químicas das bebidas de tomate de árvore.

Coeficientes de regressão	pH	Acidez	Potencial Z
βo	4,83	+0,63	-25,33
βI	-0,55	-0,15	3,10
$\beta 2$	-9,80	-1,26	-111,73
β_3	-6,68	-0,63	-216,26
βn	-1,31	0,22	-97,68
$\beta I2$	1,21	0,54	22,32
$\beta\,13$	40,20	-2,00	NS
β_{22}	0,25	0,06	NS
β_{23}	87,43	11,12	-31,82
$_3\beta\,3$	44,43	NS	835,66
R^2	0,80	0,86	0,75
Modelo (p-valor)	0,04	0,07	0,04
Ajuste em falta (p-valor)	0,36	0,08	0,11

NS: coeficientes não significativos

Por outro lado, a concentração de aloé vera não exerceu um efeito significativo sobre o comportamento dos SST e da densidade das bebidas. Elbandy *et al.* (2014) relatam que a adição de aloe até uma concentração de 10% não influenciou o comportamento do teor de SST em néctares de manga. Afirmam que o gel de aloé vera tem um baixo teor de sólidos (<4,0%), que quando incorporado em matrizes alimentares afecta ligeiramente o comportamento físico-químico do produto. Por sua vez, Subhra *et al.* (2014) não encontraram diferenças na variação de SST em néctares de tangerina (Kinnow) enriquecidos com 4% de gel de aloé. Os coeficientes de determinação do modelo de ajuste para a concentração e densidade de SST nas bebidas de tomate de árvore foram superiores a 0,80 (Tabela 3-4). O teste de ajuste permite-nos inferir que os modelos estimados descrevem adequadamente a tendência das variáveis físico-químicas em função da adição de hidrocolóides e aloé vera (p>0,05).

Potencial Zeta: As medições do potencial Z são utilizadas para avaliar a estabilidade dos sistemas coloidais, uma vez que é um bom índice da magnitude da interação entre as partículas na dispersão. A partir da análise estatística, destaca-se o efeito significativo da goma xantana (p<0,05) na diminuição do potencial zeta e na estabilidade das suspensões (Fig. 3-2). Isto deve-se provavelmente ao facto de a goma xantana, sendo um polissacarídeo aniónico (ou com carga negativa), ter a capacidade de induzir forças altamente repulsivas que impedem as partículas coloidais de se ligarem, controlando certos mecanismos de quebra de estabilidade nas suspensões (Mirhosseini e Tan, 2010). Genovese e Lozano (2001) destacam o efeito significativo na estabilidade coloidal dos sumos de maçã formulados com 0,4% de goma xantana. Os hidrocolóides podem estabilizar as dispersões através de efeitos viscosos, impedimento esférico e interações electrostáticas (Dluzewska *et al.*, 2005). Neste caso, dado o aumento dos valores do potencial Z devido à incorporação de goma xantana, podemos inferir que existem mecanismos dominantes associados à eletrostática.

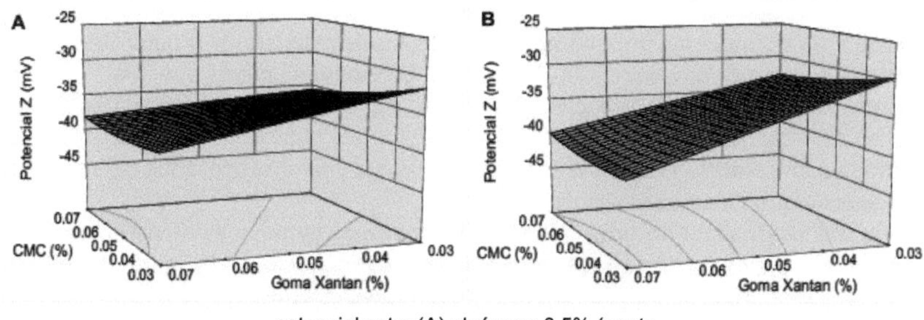

potencial zeta: (A) aloé vera 0,5% (ponto
mínimo), (B) aloé vera 1,5% (ponto máximo)

A Tabela 3-4 apresenta os coeficientes de regressão do modelo matemático que descreve o comportamento do potencial Z em função da utilização de hidrocolóides e aloé vera. [2]Foi estimado um coeficiente de determinação (R^2) de 0,76 e o teste de ajuste permite inferir que o modelo selecionado é adequado para descrever o seu comportamento (p>0,05). Os valores do potencial Z nas bebidas do tomateiro arbóreo variaram de -27,57 a -42,67 mV. Estes resultados são próximos dos relatados para sumos de maçã estabilizados com goma xantana e CMC (Genovese e Lozano, 2001). Além disso, foram registados valores de potencial Z entre -24,6 e -39,1 para bebidas de laranja formuladas com pectina e CMC (Dluzewska *et al.*, 2005). Leiberman *et al.*, (1998) argumentam que valores absolutos superiores a 25mV na medição do potencial Z são indicativos de sistemas de emulsão estáveis sem efeito de aglomeração.

sistemas sem efeito de aglomeração. Abbasi e Mohammadi (2013) destacam o poder estabilizador da goma persa em emulsões de leite e sumo de laranja a partir de valores de potencial Z que oscilaram entre -24 e -31 mV. Consequentemente, pode-se destacar a capacidade estabilizante de hidrocolóides como a goma xantana e CMC em bebidas, em relação ao controle que atingiu um valor igual a -18,16 mV. Schramm (2005), afirma que em suspensões com potenciais Z inferiores a -20mV, predominam mecanismos de instabilidade como a aglomeração e precipitação de partículas.

Tamanho das partículas: Na tabela 3-5, encontram-se os tamanhos das partículas para os diferentes néctares formulados. É evidente que o diâmetro médio baseado no volume D [4,3] (influenciado por partículas maiores) apresentou valores mais elevados do que o diâmetro médio baseado na superfície D [3,2] (influenciado por partículas mais pequenas), o que explica o efeito do tamanho em cada método de estimativa.

Quadro 2-5: Parâmetros granulométricos e de cor das bebidas à base de tomate de árvore

Ensaio	Xi	X_2	X_3	D [3,2], µm	D [4,3], µm	L*	a*	b* ΔE* ΔE* ΔE* ΔE*
T1	0	0	1,68			39,04	4,50	12,46 0,89
T2	0	-1,68	0	145	243	39,12	4,12	11,06 0,92
T3	-1,68	0	0	145	265	39,00	3,73	10,63 0,87
T4		1	1	148	246	39,03	3,89	10,53 0,86
T5	1		1	142	240	40,84	4,12	10,83 2,44
T6	0	0	0	142	237	38,27	4,18	10,64 0,56
T7	1	1			241	39,76	3,31	9,92 1,68
T8	0	0	0	140	243	38,19	4,87	10,62 1,15
T9	1				142 247	38,86	4,06	10,68 1,65
T10	0	0	-1,68		248	40,28	3,98	12,81 1,26
T11	0	1,68	0	150	260	38,96	3,56	10,09 1,12
T12	1,68	0	0	145	241	38,83	3,58	10,16 0,80
T13	0	0	0		235	39,67	3,82	9,98 1,46
T14	0	0	0	145	247	36,47	4,19	10,69 0,87
T15			1	146		41,99	3,21	10,02 1,22
T16	1	1	1	148	242	42,85	3,02	9,80 2,10
T17				136	256	43,66	3,97	12,48 2,24
T18		1		140	256	40,55	3,08	10,08 1,72
Controlo	-	-	-		231	36,58	4,79	12,56 1,47

A adição de hidrocolóides e aloé vera não exerceu um efeito significativo na variação dos diâmetros médios das suspensões (p>0,05). Resultados semelhantes foram relatados por Sherafati *et al.* (2013) em sumo de cenoura estabilizado com goma gelana. O tamanho das partículas mostrou uma distribuição monomodal entre ~80 e 800 µm, semelhante para todas as bebidas (Fig. 3-3). Este facto pode ser explicado pelo processo de homogeneização padrão aplicado às diferentes bebidas, contribuindo para uma melhor uniformidade da distribuição do tamanho das partículas. Silva *et al.*, (2010) afirmam que a homogeneização é um processo mecânico que envolve a redução de partículas ou gotículas para criar uma dispersão estável.

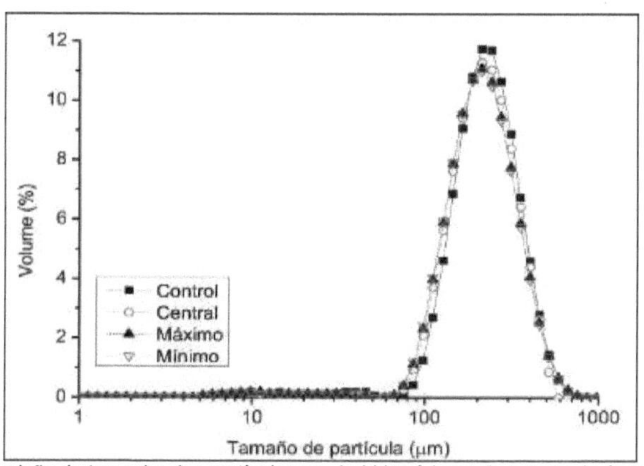

Figura 2-3: Distribuição do tamanho das partículas nas bebidas à base de tomate de árvore

Os diâmetros médios baseados na área de superfície D [3,2] e no volume D [4,3], nas bebidas, variaram de 136-150 µm e 235-265 µm, respetivamente. Estes valores são próximos aos relatados por Kaneiwa *et al.*, (2013) em sumos de tomate não homogeneizados a altas pressões. Leite *et al.*, (2014) estimaram valores médios de diâmetro D [4,3] entre 228-278 µm em sumos de laranja. No entanto, o diâmetro médio D [3,2] nestas mesmas bebidas são relativamente mais baixos do que os encontrados neste estudo. Ao comparar as bebidas tratadas com o controlo, é evidente um aumento nos diâmetros médios (Tabela 3-5). Huang *et al.* (2001) verificaram que a incorporação de hidrocolóides aumentava o tamanho das partículas em emulsões. Keshtkaran *et al.*, (2013) argumentam que a incorporação de materiais poliméricos em suspensões pode produzir variação na distribuição do tamanho das partículas em suspensão, devido a fracções insolúveis de polissacarídeos e substâncias celulósicas.

A lei de Stoke estabelece que a velocidade de sedimentação é proporcional ao tamanho das partículas em suspensão. Por sua vez, Schramm, (2005) afirma que as dispersões com uma distribuição para tamanhos mais pequenos representarão uma maior estabilidade. No entanto, como os hidrocolóides tendem a aumentar os diâmetros médios das partículas, podem conferir estabilidade à dispersão durante o armazenamento (Huang *et al.*, 2001; Homayoonfal e Mousavi, 2015). Koyama e Kitamura (2014), conseguiram estabilizar bebidas de arroz com diâmetros de partículas variando de 1,0 a 100 µm, com concentrações de goma xantana acima de 0,1%.

Velocidade de sedimentação: $_{eq}$A Tabela 3-6 descreve os parâmetros cinéticos do modelo de simulação que descreve o fenómeno de separação de fases nas bebidas de tomate para árvores durante o armazenamento, em função da taxa de sedimentação que atingiu o equilíbrio (IS) e da velocidade de sedimentação (v). A taxa de sedimentação (SI) diminuiu com a concentração de hidrocolóide (Fig. 3-4). Nwaokoro e Akanbi (2015) relatam o controlo do nível de sedimentação no sumo misto de tomate e cenoura estabilizado com CMC, xantana e guar. Do mesmo modo, Ghafoor *et al.* (2008) destacam o poder estabilizador da goma xantana, da gelana e da carragenina sobre a sedimentação do sumo de uva. Por outro lado, vale ressaltar que alguns néctares não apresentaram sedimentação (IS=O), durante o período avaliado. Estes resultados foram encontrados para altas concentrações de goma xantana e CMC. Este facto deve-se provavelmente ao efeito sinérgico dos estabilizantes, uma vez que a goma xantana tem a capacidade de aumentar a viscosidade aparente da fase dispersa, enquanto a CMC, sendo um hidrocolóide eletronegativo, quando adicionada às suspensões, aumenta as forças de repulsão eletrostática entre as partículas, conferindo estabilidade às suspensões alimentares (Genovese e Lozano, 2001).

Tabela 2-6: Taxa de sedimentação e velocidade de sedimentação (v) em bebidas de tomateiro.

Ensaio	X_i	X_2	X_3	IS	^1V (h')*	Turbidez (Abs.)
T1	0	0	1,68	0,0	0,00	0,954
T2	0	-1,68	0	40,9	0,127	0,195
T3	-1,68	0	0	4,5	0,027	0,885
T4		1	1	0,0	0,00	0,762
T5	1		1	37,1	0,103	0,249
T6	0	0	0	4,06	0,024	1,092
T7	1	1		0,0	0,00	0,656
T8	0	0	0	5,0	0,022	0,982
T9	1			39,5	0,113	0,194
T10	0	0	-1,68	7,38	0,064	0,415
T11	0	1,68	0	0,0	0,00	0,997
T12	1,68	0	0	24,5	0,028	0,895
T13	0	0	0	6,4	0,039	0,927
T14	0	0	0	3,50	0,023	0,788
T15			1	22,3	0,093	0,586
T16	1	1	1	0,0	0,00	0,914
T17				55,7	0,130	0,260
T18		1		0,0	0,00	0,894
Controlo	-	-	-	67,5	1,541	1,406

* Os coeficientes de regressão foram superiores a 0,90.

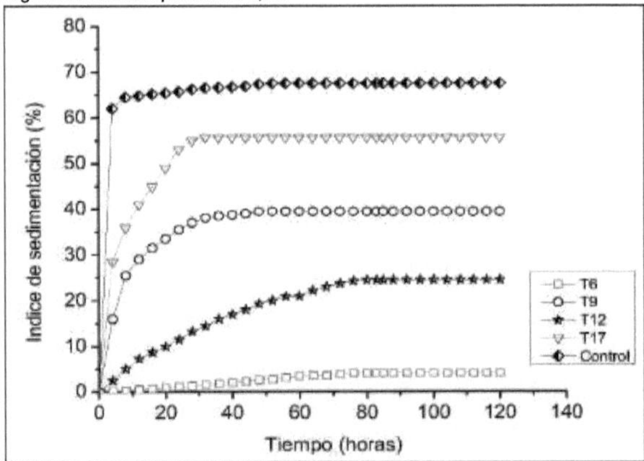

°Figura 2-4: Comportamento da taxa de sedimentação das bebidas de tomate de árvore durante o armazenamento a 10 C.

A Tabela 3-6 detalha o comportamento da taxa de sedimentação para os vários tratamentos efectuados. A adição de goma xantana revelou-se significativa (p<0,05) na redução da separação de fases e na melhoria da estabilidade física das bebidas. A lei de Stokes indica que a sedimentação de partículas em suspensões é inversamente proporcional à sua viscosidade, o que significa que uma viscosidade mais elevada pode aumentar de forma benéfica a estabilização do sumo (Genovese e Lozano, 2001). Vários estudos relataram o uso de goma xantana e sua capacidade de melhorar as propriedades reológicas e aumentar a viscosidade das dispersões, oferecendo melhor estabilidade dos produtos alimentícios (Moraes *et al.*, 2011; Chaikham e Apichartsrangkoon, 2012; Paquet *et al.*, 2014; Cho e Yoo, 2015). Além disso, Sahin e Ozdemir (2007) constataram que o uso de goma xantana é um excelente estabilizador de molhos de tomate. Eles citam que a goma xantana possui excelente capacidade de retenção de água (CRA), caraterística que a torna eficaz na prevenção da separação de fases.

Na Fig. 3-5, observa-se uma diminuição significativa da velocidade de sedimentação com o aumento da goma xantana, um resultado consistente com o aumento do potencial Z, indicando uma melhoria na estabilidade das bebidas de tomate arbóreo. Ghafoor *et al.*, (2008) argumentam que a goma xantana é um polissacárido aniónico, que tem a capacidade de gerar repulsão eletrostática entre partículas, moderando a separação de fases. Além disso, dado o seu elevado peso molecular, provoca um aumento da viscosidade aparente e controlo da sedimentação em suspensões alimentares (Sahin e Ozdemir (2007). Por outro lado, o modelo que descreve o comportamento da velocidade de sedimentação em função dos hidrocolóides e do aloé vera teve um coeficiente de determinação de 0,936 (Tabela 3-7), e o teste de ajuste não foi significativo (p>0,05). [1]A velocidade de decantação variou de 0,0 - 0,13 h^ , estes valores são superiores aos estimados para o sumo de graviola estabilizado com proteína de soja (Fasolin e Cunha, 2012).

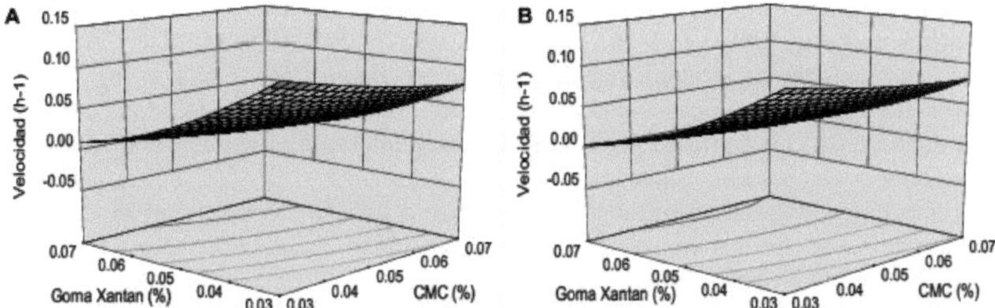

Figura 2-5: Superfícies de resposta para o comportamento da velocidade de sedimentação em bebidas de tomateiro: (A) Aloé vera 0,5%; (B) Aloé vera 1,5%.

Turbidez (turvação): A Tabela 3-6 apresenta em pormenor o comportamento da turbidez nas diferentes bebidas formuladas. A incorporação de goma xantana mostrou-se significativa (p<0,05). A turbidez ou turvação em suspensões é o resultado da dispersão de partículas insolúveis (Silva *et al.*, 2010). A incorporação de hidrocolóides produz maior turbidez (absorvância) no sobrenadante, indicando uma maior retenção de partículas em suspensão e uma diminuição do fenómeno de separação de fases. Um comportamento semelhante foi registado por Ghafoor *et al.* (2008) no sumo de uva estabilizado com goma xantana, gelana e carragenina. Os coeficientes de regressão e os parâmetros são apresentados na Tabela 3-7. A partir do teste de ajuste (p>0,05), pode inferir-se que os coeficientes de regressão descrevem satisfatoriamente o modelo derivado.

Tabela 2-7: Coeficientes de regressão para o comportamento da taxa de sedimentação, tamanho das partículas e parâmetros de cor.

Coeficientes de regressão	[1]V (h)	Turbidez (Abs.)	Viscosidade (mPa.s)
$ß_o$	0,28	-0,76	10,41
$ß_l$	-0,04	-0,41	-3,22
$ß_2$	-4,99	31,22	168,89
β_3	-1,93	36,19	484,0

β_{11}	0,07	6,79	NS
β_{12}	NS	NS	54,80
β_{13}	9,48	-123,4	2696,0
β_{22}	0,01	-0,19	-1,59
β_{3}	25,31	NS	3887,96
β_{3}	7,29	-368,12	NS
R^2	0,94	0,87	0,98
Modelo (p-valor)	0,00	0,04	0,00
Ajuste em falta (p-valor)	0,07	0,29	0,08

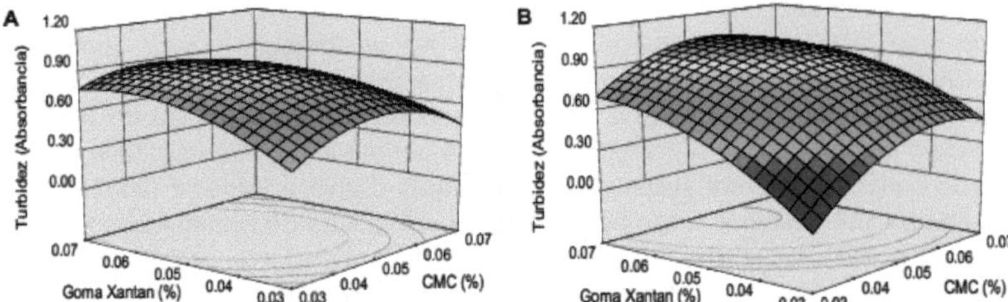

Figura 2-6: Superfícies de resposta para o comportamento da turbidez em bebidas de tomate de árvore: A) Aloé vera 0,5%, B) Aloé vera 1,5%.

A Fig. 3-6 mostra um aumento significativo da turbidez à medida que a concentração de hidrocolóide aumenta gradualmente. Mirhosseini *et al.* (2008) registam um aumento da turbidez das emulsões de laranja estabilizadas com pectina e CMC. Por sua vez, Genovese e Lozano (2001) relatam uma melhoria na estabilidade do sumo de maçã através da incorporação de CMC e goma xantana, atribuída ao aumento da turbidez na fase clarificada (sobrenadante). Os autores sugerem que a goma xantana e a CMC são polissacáridos iónicos com carga negativa e produzem um aumento das forças de repulsão eletrostática entre as partículas, causando um efeito de estabilidade nas suspensões (Genovese e Lozano, 2001; Ghafoor *et al.*, 2008).

Após o processo de separação mecânica por centrifugação, as bebidas de tomate arbóreo puderam sedimentar. No entanto, foi observada uma relação direta entre os valores do potencial Z, a turvação e a velocidade de sedimentação. As bebidas formuladas com concentrações superiores a 0,05% de hidrocolóides apresentaram valores de potencial Z mais elevados, maior turbidez da fase clarificada e menores taxas de sedimentação; factores que indicam uma boa estabilidade das partículas em suspensão. Alguns autores conseguiram estabelecer relações semelhantes durante o estudo da estabilidade de sumos de fruta estabilizados com coloides hidrofílicos (Genovese e Lozano, 2001; Benítez e Lozano, 2007; Mirhosseini e Tan, 2010).

Caracterização das fases: A caraterização das fases das bebidas de tomate arbóreo foi efectuada para melhor compreender o fenómeno de instabilidade. Não existem diferenças significativas no comportamento da densidade, do diferencial de potencial Z e dos diâmetros médios das partículas em função da concentração de hidrocolóides e de aloé vera (p>0,05). Observa-se que tanto a densidade como os diâmetros médios da fase sedimentar são superiores aos estimados para a fase sobrenadante (Tabela 3-8). Estas diferenças podem ser consideradas como factores dominantes na ocorrência de mecanismos de instabilidade nas bebidas. Uma redução no tamanho das partículas leva a um adiamento da separação gravitacional, porque, de acordo com a lei de Stokes, a velocidade de sedimentação é proporcional ao quadrado do raio da partícula. Além disso, as partículas mais pequenas terão menor peso (menor densidade) e precipitarão menos. McClement (2005), afirma que a tendência das partículas grandes para coalescer é maior do que a das partículas pequenas, pelo que a redução do tamanho pode aumentar a estabilidade e prolongar a vida útil das bebidas emulsionantes. Por outro lado, os diâmetros médios das bebidas formuladas com hidrocolóides em relação ao controlo não apresentaram diferenças significativas, possivelmente associadas ao processo de homogeneização.

Tabela 2-8: Caraterísticas físico-químicas das fases sobrenadante e sedimentada em bebidas de tomateiro.

	Bebida de controlo		Bebidas tratadas	
	Sobrenadante	Sedimentos	Sobrenadante	Sedimentos
Densidade (g/ml)	0,99 ± 0,01	1,49 ± 0,12	1,08±0,02*	1,49±0,07*
Potencial Z (mV)	-19,13 ± 1,83	-31,37±2,21	-34,14±2,18*	-42,92 ± 3,68*
D [3,2], μm	7,08 ±1,43	151 ± 3,53	9,08 ± 1,44*	157,61 ±4,12*
D [4,3], μm	29,60±2,81	249,56±12,32	35,88±3,15*	271 ± 12,84*
Viscosidade (mPa.s)	4,50±0,37	3229,8±172	-	2722,60±110*

Média aritmética ± erro padrão. * Valores médios dos 18 ensaios efectuados.

A viscosidade da fase sobrenadante foi significativa em função da adição de goma xantana e CMC (p<0,05). Observou-se um aumento da viscosidade com a adição de hidrocolóides (Fig. 3-7), uma vez que estes possuem uma elevada capacidade de retenção de água, conferindo maior consistência às suspensões aquosas. Por sua vez, o aumento da viscosidade na fase sobrenadante pode corresponder a uma maior presença de partículas em suspensão, maior turbidez, indicador de efeitos estabilizadores nas bebidas. Os coeficientes e parâmetros de regressão para o comportamento da viscosidade da fase sobrenadante são apresentados na Tabela 3-7, com um teste de ajuste não significativo (p>0,05). Em relação ao diferencial de potencial Z na fase sobrenadante, observa-se um aumento significativo nas bebidas tratadas em relação ao controlo, associado à presença de substâncias aniónicas. Consequentemente, pode-se inferir que a estabilidade física das bebidas com a adição de hidrocolóides está associada a processos esféricos (aumento da viscosidade da fase contínua) e a processos electrostáticos (aumento das forças repulsivas entre as partículas).

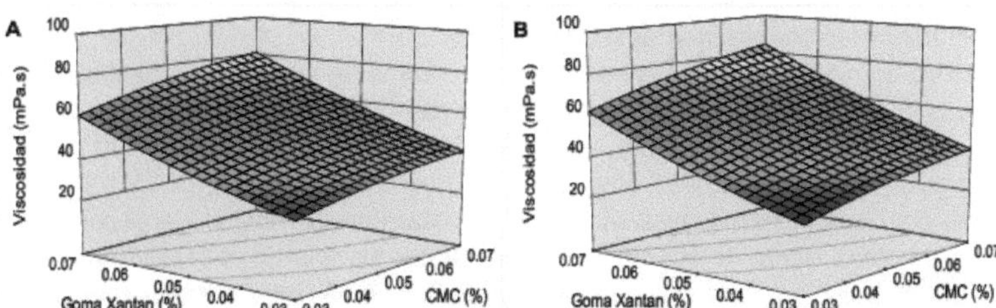

Figura 2-7: Superfícies de resposta para o comportamento da viscosidade da fase sobrenadante em bebidas de tomate de árvore: A) Aloé vera 0,5%, B) Aloé vera 1,5%.

A viscosidade da fase sedimentada não apresentou comportamento significativo em função da concentração de hidrocolóide e aloé vera (p>0,05). No entanto, a viscosidade foi inferior à estimada na amostra de controlo, uma tendência que pode estar associada à redução dos processos de separação de fases ou à sedimentação de partículas. Por sua vez, a fase sedimentada nas bebidas tratadas apresenta um diferencial de potencial Z mais elevado, possivelmente devido à presença de hidrocolóides aniónicos.

Determinação da cor: A Tabela 3-9 mostra o comportamento dos parâmetros de cor em coordenadas CIELab, bem como o diferencial de cor (ΔE), das bebidas de tomate de árvore. Não foi encontrado efeito significativo dos hidrocolóides e do aloé vera (p>0,05) na variação dos parâmetros L*, a*, b* e ΔE. No entanto, os valores de leveza (L) nas bebidas tratadas foram mais elevados do que os estimados na bebida de controlo. Foi registado um comportamento semelhante em sumos de laranja enriquecidos estabilizados com quitosano (Martin *et al.*, 2009). A diminuição da luminosidade durante o tempo de armazenamento dos sumos é atribuída à sedimentação das partículas durante o tempo de armazenamento (Genovese *et al.*, 1997). No entanto, os valores de L nas bebidas de tomate de árvore tratadas não mostraram esta tendência. Estes resultados podem ser explicados pelo aumento da transparência da suspensão, um efeito associado à utilização de hidrocolóides (Chatterjee *et al.*, 2004). O aumento nos valores de L pode ser devido à cor natural dos biopolímeros, que produz um efeito de claridade nas bebidas, especialmente em altas concentrações (Martin *et al.*, 2009; Rungsardthong *et al.*, 2006; Halim *et al.*, 2014).

Quadro 2-9: Parâmetros de cor e avaliação sensorial das bebidas à base de tomate de árvore

Parâmetro	Tipo de bebida	
	Controlo	Tratado
L*	36,58±1,06	39,74±1,54**
a*	4,79±0,81	3,85 ± 0,67**
b*	12,56±1,20	10,75±0,73**
ΔE	1,47±0,06	1,32 ± 0,05**
Cor	12,82 ± 1,33	11,49±1,08**
Gosto	13,54±1,78	9,54 ± 1,21**
Aroma	12,65±2,33	11,53±1,40**
Aparência	9,34 ±1,54	12,49 ± 1,35**

Média aritmética ± erro padrão. ** Valores médios dos 18 ensaios efectuados.

Os valores positivos de a* variaram entre 3,02 e 4,87, indicando uma posição visual para o vermelho, enquanto os valores positivos de b* variaram entre 9,80 e 12,81, indicando uma tendência para o amarelo. Foi observada uma diminuição não significativa dos parâmetros a* e b* nas bebidas tratadas, em comparação com o controlo. Qin *et al.*, (2002), argumentam que estas alterações podem ser atribuídas à degradação ou precipitação do pigmento. Por sua vez, Halim *et al.* (2014) relatam uma diminuição nos parâmetros a* e b* em sorvetes de mandioca fermentada formulados com hidrocolóides (goma xantana ou CMC). O mesmo comportamento foi relatado por Keshtkaran *et al.* (2013) em bebidas lácteas estabilizadas com goma tragacanto.

A variação de cor (ΔE) nas bebidas tratadas foi ligeiramente inferior à da bebida de controlo. Nwaokoro e Akanbi (2015) explicam que a retenção da perda de cor nos sumos de fruta deve-se possivelmente à capacidade dos biopolímeros aniónicos coagularem as partículas em suspensão, e controlarem os fenómenos de precipitação e degradação oxidativa dos pigmentos. Da mesma forma, Lins *et al.*, (2014) citam que a adição de pectina e gelatina ajudou a controlar a perda de cor em frutas reestruturadas. Martin *et al.*, (2009) afirmam que a retenção nas mudanças dos parâmetros de cor está intimamente relacionada aos tratamentos com quitosana em sucos de laranja.

Avaliação sensorial: Os atributos sensoriais não mostraram diferenças significativas em função da adição de gomas e gel de aloe vera (p>0,05). Resultados semelhantes foram encontrados em sumos de amora estabilizados com goma xantana e CMC (Akkarachaneeyakorn e Tinrat, 2015). Hamid *et al.* (2014) referem que não encontraram diferenças significativas entre os néctares mistos de cenoura e laranja formulados com gel de aloé e o controlo em atributos como o aspeto, a cor e o sabor.

A Tabela 3-9 resume a avaliação sensorial para os dois tipos de bebidas formuladas. Não foi estimada diferença significativa no parâmetro cor entre as bebidas, resultado que está de acordo com a avaliação instrumental de cor, realizada através do método CIELAB. Halim *et al.* (2014) concluíram que a adição de goma xantana, guar e CMC não afeta o atributo cor em sorvete de mandioca. Além disso, não é relatada nenhuma diminuição significativa em relação à perda de compostos voláteis devido à adição de gomas ou componentes fisiologicamente ativos. Um resultado semelhante foi relatado numa bebida láctea estabilizada com goma tragacanto (Keshtkaran *et al.*, 2013). Por outro lado, observa-se uma diminuição significativa do sabor das bebidas associadas à incorporação de gomas e aloé vera. Esta diminuição deve-se provavelmente à incorporação do gel de aloé, que tem uma baixa concentração de SST, e pode diminuir a doçura nas bebidas. *Elbandy et al.* (2014) encontraram comportamento semelhante em néctares de manga com aloe. Por sua vez, a incorporação de gomas pode reduzir a doçura das bebidas. Ibrahim *et al.*, (2011) defendem que a adição de goma xantana, pectina e CMC reduziu o sabor dos sumos de maçã, associado a uma perda de doçura.

A aparência das bebidas foi avaliada em termos de qualidades como a homogeneidade da bebida (baixa sedimentação) e boa textura. O aumento da avaliação do aspeto das bebidas tratadas pode estar associado à incorporação de gomas. É de salientar que as gomas têm a capacidade de aumentar a viscosidade das suspensões aquosas, melhorar a textura e controlar os mecanismos de instabilidade como a sedimentação das partículas, factores que contribuem para uma melhor avaliação do aspeto em relação à bebida de controlo. Resultados semelhantes foram relatados para sumos mistos de tomate-cenoura, maçã e framboesa (Ibrahim *et al.*, 2011; Nwaokoro e Akanbi, 2015; Abedi *et al.*, 2014).

CONCLUSÕES

O estudo demonstrou o efeito significativo dos hidrocolóides (goma xantana, CMC) no grau de estabilidade das bebidas à base de tomate. A incorporação de goma xantana foi significativa (p<0,05) na diminuição da velocidade de sedimentação e no aumento da repulsão eletrostática entre as partículas, com base nos valores do potencial Z (>30mV). O gel de Aloe vera intensificou o pH e a acidez, mas não influenciou significativamente (p>0,05) o grau de estabilidade das bebidas.

Os diâmetros médios das partículas e os parâmetros de cor não variaram em relação à adição de goma xantana, CMC e aloé vera. Os resultados sugerem que, devido ao carácter hidrofílico e aniónico dos hidrocolóides, as concentrações de goma xantana e CMC a 0,05% podem ser consideradas como tratamentos adequados para a estabilidade física das bebidas, sem afetar as suas propriedades físico-químicas e sensoriais.

AGRADECIMENTOS

Os autores agradecem à Direção de Investigação (DIME) da Universidade Nacional da Colômbia - Medellín, pelo apoio financeiro ao projeto de investigação registado com o número 19822, através da convocatória "Programa Nacional de Projectos para o fortalecimento da investigação, criação e inovação em estudos de pós-graduação 2013-2015".

BIBLIOGRAFIA

Abbasi, S., Mohammadi, S. (2013). Estabilização da mistura de leite e sumo de laranja usando goma persa: Eficiência e mecanismo. *Biociência Alimentar, 2*, 53-60.

Abedi, F., Sani, A. M., Karazhiyan, H. (2012). Efeito de algumas misturas de hidrocolóides na viscosidade e nas propriedades sensoriais do leite com sumo de framboesa. *Jornal de Ciência e Tecnologia de Alimentos, 51* (9), 22462250.

Akkarachaneeyakorn, S., Tinrat, S. (2015). Efeitos dos tipos e quantidades de estabilizadores nas caraterísticas físicas e sensoriais do sumo de amora turvo pronto a beber. *Ciência e Nutrição Alimentar, 3*(3), 213-220.

Associação dos Químicos Agrícolas Oficiais (AOAC). Métodos Oficiais de Análise. Associação dos Químicos Analíticos Oficiais. 18ª Edição. Arlington, Virgínia: AOAC, 2005.

Benitez, E. I., Lozano, J. E. (2007). Efeito da gelatina na turbidez do sumo de maçã. *Investigação aplicada na América Latina, 37*(4), 261-266.

Bengtsson, H., Hall, C., Tornberg, E. (2011). Efeito das propriedades físico-químicas na perceção sensorial da textura de suspensões homogeneizadas de fibras de frutas e vegetais. *Journal of Texture Studies, 42*, 291-299.

Boghani AH, Raheem A, Hashmi SI (2012) Estudos de desenvolvimento e armazenamento de uma bebida misturada de papaia e aloé vera pronta a servir (RTS). *Jornal de Processamento e Tecnologia*

Alimentar, 3(19), 185189.

Bozzi, A., Perrin, C., Austin, S., Arce, V. F. (2007). Qualidade e autenticidade de pós comerciais de gel de aloé vera. *FoodChemistry,* 103(1), 22-30.

Castro, H. I., Benelli, P., Ferreira, S. R., Parada, A. F. (2013). Extratos de fluidos supercríticos do epicarpo de tamarillo *(Solanum betaceum Sendtn)* e sua aplicação como protetores contra a oxidação lipídica da carne bovina cozida. *Journal OfSupercritical Fluids,* 76 (2013) 17- 23.

Chaikham, P., Apichartsrangkoon, A. (2012). Comparação das propriedades viscoelásticas e físico-químicas dinâmicas dos sumos longan pressurizados e pasteurizados com adição de xantana. *FoodChemistry,* 134(4),2194-2200.

Chatterjee, S., Chatterjee, S., Chatterjee, B. P., Guha, A. K. (2004). Clarificação de sumo de fruta com quitosano. *Process Biochemistry,* 39, 2229-2232.

Cho, H., Yoo, B. (2015). Caraterísticas reológicas de bebidas espessadas a frio contendo espessantes alimentares à base de goma xantana utilizados em dietas para disfagia. *Jornal da Academia de Nutrição e Dietética,* 155(1), 106-111.

Delmonte, M. L., Rincon, F., Pinto, G. L., Guerrero, R. (2006). Comportamento da goma de *Enterolobium cyclocarpum* na preparação do néctar de pêssego. *Revista Técnica de la Facultad de Ingeniería - Universidad del Zulia,* 29(1), 23 - 28.

Dluzewska, E., Smiechowski, K., Kowalska, M. (2005). Influência do pH nas propriedades das emulsões de bebidas modelo estabilizadas com hidrocolóides selecionados. *JournalofFood Technology,* 3(4), 542-545.

Elbandy, M. A., Abed, S. M., Gad, S. S., Abdel, F. M. (2014). Gel *de Aloe vera* como ingrediente funcional e conservante natural no néctar de manga. *Jornal Mundial de Laticínios e Ciências Alimentares,* 9 (2): 191-203.

Fasolin, L., e Cunha, R. L. (2012). Suco de graviola estabilizado com frações de soja: uma abordagem reológica. *Ciência e Tecnologia de Alimentos,* 32(3), 558-567.

Fernandez, R., Stinco, C., Hernanz, D., Heredia, F., Vicario, I. (2013). Limiares de formação de cor e diferenças de cor no sumo de laranja. *Food Quality and Preference,* 30(2), 320-327.

Genovese, D. B., Elustondo, M. P., Lozano, J. E. (1997). Estabilização de cor e nuvem em suco de maçã turvo por aquecimento a vapor durante o esmagamento. *JournalofFood Science,* 62, 1171-1175.

Genovese, D. B., Lozano, J. E. (2001). O efeito dos hidrocolóides na estabilidade e viscosidade dos sumos de maçã turvos. *FoodHydrocolloids,* 15(1), 1-7.

Ghafoor, K., Jung, J. R., Choi, Y. H. (2008). Efeitos da gelana, xantana e λ-carragenina na sedimentação do ácido elágico, viscosidade e turvação do sumo de uva 'Campbell early'. *Ciência e Biotecnologia Alimentar,* 17(1), 80-84.

Habeeb, F., Shakir, E., Bradbury, F., Cameron, P., Taravati, M. R., Drummond, A. J., Gray, A. I., Ferro, V. A. (2007). Métodos de triagem utilizados para determinar as propriedades antimicrobianas do Aloe vera innergel. *Methods,* 42, 315-320.

Halim, N. R. A., Shukri, W. H. Z., Lanı, M. N., Sarbon, N. M. (2014). Efeito de diferentes hidrocolóides nas propriedades físico-químicas, qualidade microbiológica e aceitação sensorial do sorvete de mandioca fermentada *(Tapai ubi). InternationalFood Research Journal,* 21(5): 1825-1836.

Hamid, G. H., El-Kholany, E. A., Nahla, E. A. (2014). Avaliação do gel de Aloe vera como ingredientes antioxidantes e antimicrobianos em néctares de mistura de laranja e cenoura. *Jornal do Médio Oriente de Investigação Agrícola,* 3(4), 1122-1134.

Homayoonfal, M., Mousavi, F. K. (2015). Modelagem e otimização de caraterísticas físico-químicas de emulsões de bebidas de óleo de noz por implementação da metodologia de superfície de resposta: Efeito das condições de preparação na estabilidade da emulsão. *Food Chemistry,* 174, 649-659.

Huang, X., Kakuda, Y., Cui, W. (2001). Hidrocolóides em emulsões: Distribuição do tamanho das partículas e atividade interfacial. *FoodHydrocolloids,* 15(4-6), 533-542.

Ibrahim, G., Hassan, I., Abd-Elrashid, A., El-Massry, K., Eh-Ghorab, A., Ramadan, M., Osman, F. (2011). Efeito dos agentes de turvação na qualidade do sumo de maçã durante o armazenamento. *Food Hydrocolloids,* 25(1), 91-97.

Instituto Colombiano de Normas Técnicas. NTC 3549. Refrigerantes de frutas. Bogotá: ICONTEC, 1999.

Instituto Colombiano de Normas Técnicas. NTC 4105 - Frutas frescas. Tomate de árvore,

Especificações. Bebidas de frutas. Bogotá: ICONTEC, 1997.

Kaneiwa, M., Augusto, P., Cristianini, M. (2013). Efeito da homogeneização de alta pressão (HPH) na estabilidade física Oftomatojuice. *Food Research International,* 51(1), 170-179.

Keshtkaran, M., Mohammadifar, M. A., Asadı, G. A., Nejad, R. A., Balaghi, S. (2013). Efeito da goma tragacanto nas propriedades reológicas e físicas de uma bebida láctea aromatizada feita com xarope de tâmara. *JournalofDairyScience,* 96(8), 4794-4803.

Koyama, M., Kitamura, U. (2014). Desenvolvimento de uma nova bebida de arroz, melhorando a estabilidade física da pasta de arroz. *Journal ofFood Engineering,* 131,89-95.

Leiberman, H. A., Reiger, M. M. e Banker, G. S. Formas de dosagem farmacêutica: sistemas dispersos. Segunda Edição. NewYork, USA: Marcel Dekker, 1998, 559p.

Leite, T. S., Augusto, P. E., Cristianini, M. (2014). O uso da homogeneização de alta pressão (HPH) para reduzir a consistência do suco de laranja concentrado (COJ). *Ciência inovadora de alimentos e tecnologias emergentes,* 26, 124-133.

Liang, C., Hu., X., Ni, Y., Wu., J., Chen, F., Liao, X. (2006). Efeito dos hidrocolóides no sedimento da polpa, sedimento branco, turvação e viscosidade do sumo de cenoura reconstituído. *Food Hydrocolloids,* 20(8), 11901197.

Lins, A. C., Cavalcanti, B. D., Azoubel, P. M., Melo, E. A., Maciel, S. M. (2014). Effectofhydrocolloids on the physicochemical characteristics of yellow mombin structured fruit. *Ciência e Tecnologia de Alimentos,* 34(3): 456-463.

McClements, D. J. Food emulsions: Principles, practice, and techniques (Emulsões alimentares: princípios, práticas e técnicas). Segunda edição. Boca Raton, EUA: CRC Press, 2005, 632 p.

Marquez, C., Otero, C., Cortes, M. (2007). Alterações fisiológicas, texturais, fisiológicas, físico-químicas e microestruturais do tomate arbóreo *(Cyphomandra betacea S.)* na pós-colheita. *Revista da Faculdade de Química Farmacêutica,* 14 (2), 9-16.

Marquez, Carlos (2009). Caracterização fisiológica, físico-química, reológica, nutracêutica, estrutural e sensorial da graviola *(Annona muricata L. cv. Elita).* Tese de doutoramento. Universidade Nacional da Colômbia, Faculdade de Ciências Agrárias, p. 274 p.

Martin, D. A., Rico, D., Barat, J. M., Barry, R. C. (2009). Sucos de laranja enriquecidos com quitosana: Otimização para prolongar o prazo de validade. *Ciência Alimentar Inovadora e Tecnologias Emergentes,* 10, 590-600.

Meza, N., Manzano, M. J. (2009). Caraterísticas do fruto do tomate arbóreo *(Cyphomandra betaceae [Cav.] Sendtn)* com base na coloração do arilo na Zona Andina da Venezuela. *Revista UDO Agricola,* 9(2), 289-294.

Mirhosseini, H., Tan, C. P. (2010). Efeito de vários hidrocolóides nas caraterísticas físico-químicas da emulsão de bebidas de laranja. *JournalofFood, Agriculture & Environment,* 8(2), 308 - 313.

Mirhosseini, H., Tan, C. P., Aghlara, A., Hamid, N. S., Yusof, S., Chern, B. H. (2008). Influência da CMC na estabilidade física, taxa de perda de turvação, turvação e libertação de sabor da emulsão de bebidas de laranja durante o armazenamento. *Carbohydrate Polymers,* 73, 83-91.

Moraes, I. C. F. F., Fasolin, L. H., Cunha, R. L., Menegalli, F. C. (2011). Propriedades reológicas dinâmicas e de cisalhamento constante de gomas xantana e guar dispersas em polpa de maracujá amarelo *(Passiflora edulis f. flavicarpa). Revista Brasileira de Engenharia Química,* 28(3), 483 - 494.

Nascimento, G. E., Hamm, L. A., Baggio, C. H., Paula, W. M., Iacomini, M., Cordeiro, L. M. (2013). Estrutura de um galactoarabinoglucuronoxilano de tamarillo *(Solanum betaceum),* uma fruta exótica tropical, e sua atividade biológica. Food Chemistry, 141,510-516.

Nwaokoro. O, G., Akanbi, C. T. (2015). Efeito da adição de hidrocolóides à mistura de sumo de tomate e cenoura. *Journal OfNutritional Health & Food Science,* 3(1): 1-10.

Paquet, E., Alexandra Bedard, A., Lemieux, S., Turgeon, S. L. (2014). Efeitos das bebidas à base de sumo de maçã enriquecidas com fibras alimentares e goma xantana na resposta glicémica e nas sensações de apetite em homens saudáveis. *Bioactive Carbohydrates and DietaryFibre,* 4, 39-47.

Qin L, Xu S, Zhang W. (2005). Efeito da hidrólise enzimática no rendimento do sumo de cenoura turvo e os efeitos dos hidrocolóides na estabilidade da cor e da turvação durante o armazenamento à temperatura ambiente. *Journal of Science OfFood andAgriculture,* 85, 505-512.

Ramachandra, C.T., e Srinivasa, P. (2008). Processamento do gel de Aloe vera: Uma revisão. *Jornal Americano de Agricultura e Ciências Biológicas,* 3(2), 502-510.

Rungsardthong, V., Wongvuttanakul, N., Kongpien, N., Chotiwaranon, P. (2006). Aplicação de quitosano fúngico para clarificação do sumo de maçã. *Process Biochemistry,* 41,589-593.

Sahin, H., Ozdemir, F. (2007). Efeito de alguns hidrocolóides na separação do soro de diferentes ketchups formulados. *JournalofFoodEngineering,* 81,437-446.

Schramm, L. L. Emulsões, espumas e suspensões: fundamentos e aplicações. In: Schramm, L. L. Colloid Stability. Weinheim: Wiley-VCH, 2005, 117-152 p.

Sherafati, M., Kalbası-ashtarı, A., Ali-Mousavi, S. M. (2013). Efeitos de gomas de gelana de baixo e alto teor de acila nas propriedades de engenharia do suco de cenoura. *JournalofFood Process Engineering,* 36(4), 418-427.

Shubhra, B., Swatı, K., Pushpinder, S. R., Savita, S. (2014). Estudos sobre o néctar de kinnow suplementado com Aloejuice. *Research Journal OfAgriculture and Forestry Sciences,* 2(8), 14-20.

Silva, V. M., Kawazoe, S. A., Barbosa, G., Dacanal G., Ciro-Velasquez, H. C., Cunha, R. L. (2010). O efeito da homogeneização na estabilidade da polpa de abacaxi. *International Journal of Food Science and Technology,* 45(10), 2127-2133.

Yaron, A., Cohen, E., Arad, S. (1992). Estabilização do gel de Aloe vera por interação com polissacáridos sulfatados de microalgas vermelhas e com goma xantana. *Journal of Agricultural and Food Chemistry,* 40(8), 1316-1320.

3 Capítulo

EFEITO DA INCORPORAÇÃO DE HIDROCOLOIDESYALOE VERA *(Aloe barbadensis)* NAS PROPRIEDADES REOLÓGICAS DAS BEBIDAS DE TOMATÃO *(Cyphomandra betacea)*

RESUMO - O efeito da incorporação de hidrocolóides (goma xantana, CMC) e aloé vera *(Aloe barbadensis Miller)* nas caraterísticas reológicas de bebidas de tomate arbóreo *(Cyphomandra betacea)* foi avaliado por ensaios rotacionais e oscilatórios. Os resultados obtidos foram ajustados a vários modelos reológicos e a equação de Arrhenius foi utilizada para estudar a dependência dos parâmetros reológicos em relação à temperatura. Os resultados mostraram que, para a gama de concentrações e temperaturas estudadas, as bebidas formuladas apresentam um comportamento pseudoplástico, sendo o modelo da Lei da Potência o que melhor se ajusta aos dados experimentais. Os ensaios oscilatórios revelam a predominância do módulo de elasticidade (G'>G") em toda a gama de frequências. Os parâmetros estimados do estudo reológico oscilatório não mostraram uma relação linear, baseada no princípio de Arrhenius. As concentrações de goma xantana $\geq$ 0,025% e CMC $\geq$ 0,05% são avaliadas como os melhores tratamentos, associadas ao aumento do coeficiente de consistência *(K)* e à tendência dos valores da tangente de perda (δ) que se assumem como excelentes indicadores de estabilidade em suspensões.

Palavras-chave: Reologia, estabilidade, hidrocolóides, viscosidade, pseudoplástico.

RESUMO - O efeito da incorporação de hidrocolóides (goma xantana, CMC) e aloé vera *(Aloe barbadensis Miller)* nas caraterísticas reológicas da bebida de tomate de árvore *(Cyphomandra betacea)* foi avaliado por ensaios rotacionais e oscilatórios. Os resultados foram ajustados a diferentes modelos reológicos e a equação de Arrhenius foi utilizada para estudar a dependência dos parâmetros reológicos com a temperatura. Os resultados mostraram que, para a gama de concentrações e temperaturas estudadas, as bebidas fabricadas apresentam afinamento por cisalhamento, sendo o modelo de lei de potência o que melhor se ajusta aos dados experimentais. [1] Os ensaios oscilatórios revelam a predominância do módulo de elasticidade (G > G) em toda a gama de frequências. Os parâmetros estimados do estudo reológico oscilatório não mostraram uma relação linear com base no princípio de Arrhenius. As concentrações de goma xantana $\geq$ $\geq$ 0,025% e 0,05% CMC são medidas como os melhores tratamentos, associados ao aumento do coeficiente de consistência (K) e à tendência dos valores da tangente de perda (δ) que são assumidos como excelentes indicadores de estabilidade da suspensão.

Palavras-chave: Reologia, estabilidade, hidrocolóides, viscosidade, pseudoplástico.

INTRODUÇÃO

O tomateiro arbóreo *(Cyphomandra betacea)* é uma planta pertencente à família das Solanáceas, cujo cultivo tem grande importância socioeconómica na região andina colombiana. É uma planta nativa da América do Sul, apreciada pela sua polpa suculenta, aroma agradável, sabor agridoce e cor alaranjada (Meza e Manzano, 2009). O tomateiro é considerado um fruto exótico, com excelentes caraterísticas nutricionais como fonte de β-caroteno, piridoxina, ácido ascórbico, magnésio, potássio, fósforo, cálcio, aminoácidos livres, alto teor de fibras e baixa ingestão calórica (Márquez *et al.*, 2007; Kou *et al.*, 2009; Vasco *et al.*, 2009). A polpa é utilizada na produção de sumos, néctares, compotas, saladas, conservas e flocos desidratados (Meza e Manzano, 2009).

A incorporação de frutas tropicais na produção de sucos é uma alternativa para diminuir as perdas pós-colheita, reduzir os excedentes de produção e agregar valor à matéria-prima. Um sumo de fruta é um sistema multifásico que apresenta uma grande quantidade de material insolúvel, que tende a precipitar levando à separação de fases após um certo tempo de armazenamento (Genovese, 1997). A adição de aloé vera *(Aloe barbadensis* Miller) pode afetar a estabilidade dos sumos, uma vez que se trata de um gel mucilaginoso constituído por hidratos de carbono, aminoácidos, lípidos, esteróis, minerais e vitaminas (Choi e Chung, 2003; Hamman, 2008; Domínguez *et al.*, 2012). Estudos destacam as propriedades funcionais do aloé vera, e referem que a inclusão destes componentes nos alimentos reforça o seu valor nutricional (Habeeb *et al.*, 2007; Ramachandra *et al.*, 2008; Boghani *et al.*, 2012).

Os hidrocolóides são polissacáridos ou substâncias de elevado peso molecular, utilizados em suspensões alimentares como estabilizadores, porque aumentam a viscosidade da fase contínua e conduzem à ionização das partículas em soluções aquosas (Genovese e Lozano, 2006). Embora sejam adicionados em pequenas concentrações (menos de 1%), têm uma influência significativa nas propriedades reológicas e sensoriais dos alimentos. Várias investigações estudaram o efeito da goma xantana, da carboximetilcelulose (CMC), da goma guar, da goma gelana, do quitosano, da pectina e dos amidos modificados na estabilidade, no comportamento reológico e nas propriedades sensoriais dos sumos de fruta (Genovese e Lozano, 2001; Liang *etal.*, 2006; Meng e Rao 2005; Ibrahim *et al.*, 2011; Paquet *etal.*, 2014).

A caraterização teológica é importante para a conceção do equipamento, transferência de calor, sistema de transporte, otimização do processo e avaliação da qualidade (Dak *et al.*, 2006). Têm sido utilizados diferentes modelos matemáticos para descrever o comportamento do fluxo dos alimentos. O tipo mais simples de comportamento reológico é o Newtoniano, no qual existe uma relação linear entre a tensão de cisalhamento e a taxa de deformação. No entanto, a maioria dos alimentos fluidos não apresenta este comportamento simples, o que exige modelos mais complexos para a sua caraterização. Os modelos mais comummente utilizados são os modelos de Bingham, Power Law, Herschel-Bulkley e Casson. O modelo da lei da potência é o mais utilizado para descrever o comportamento reológico da maioria dos sumos de fruta, especialmente em operações de manuseamento, uma vez que é conveniente, simples e fácil de utilizar (Gratáo *et al.*, 2007; Ahmed *et al.*, 2007; Quek *et al.*, 2013). Além disso, o comportamento reológico é influenciado pela temperatura (Falcone *et al.*, 2007), onde a relação de Arrhenius tem sido frequentemente utilizada para descrever o efeito da temperatura em vários parâmetros teológicos.

No entanto, muitos fenómenos teológicos não podem ser descritos apenas em termos de viscosidade, pelo que o comportamento elástico deve ser avaliado. O teste viscoelástico de dispersões macromoleculares pode ser determinado por testes dinâmicos usando varreduras oscilatórias. Num ensaio oscilatório de frequência, o ciclo de deformação sinusoidal é utilizado para determinar o módulo de armazenamento ou elástico (G'), o módulo de perda ou viscoso (G") e a tangente de perda (tan δ). Os ensaios oscilatórios fornecem parâmetros teológicos, sem alterar as estruturas da rede interna dos materiais utilizados (Ahmed *et al.*, 2007). As propriedades viscoelásticas são muito úteis na conceção e previsão da estabilidade do produto. Assim, o estudo e descrição das propriedades viscoelásticas dos alimentos líquidos é importante para uma melhor compreensão do seu comportamento durante o processamento, armazenamento e consumo (Augusto *et al.*, 2013a).

O objetivo desta investigação foi estudar o efeito da adição de hidrocolóides e de aloé vera no comportamento teológico das bebidas de tomate de árvore e estimar o seu efeito no grau de estabilidade da suspensão.

MATERIAIS E MÉTODOS

Foram utilizados frutos de tomate de árvore *(Cyphomandra betacea S.)* da variedade comum laranja. Os frutos foram selecionados com um grau de maturação, tipologia de cor 6 (NTC 4105/1997). Os hidrocolóides (goma xantana, carboximetilcelulose de sódio-CMC) e os conservantes de qualidade alimentar (benzoato de sódio e sorbato de potássio) foram fornecidos pela Bell Chem International S.A. O gel de Aloé vera de qualidade alimentar com 98% de pureza foi adquirido à Ayala Benard S.A.S.

Preparação da bebida de néctar. O material vegetal foi desinfectado em soluções de hipoclorito de sódio a 100 ppm durante 10 minutos, e finalmente lavado com água. A polpa foi extraída numa máquina de despolpamento (D1000, CITALSA, Colômbia). Os néctares foram formulados a partir de uma base de 300g, com um teor de polpa de 18% (NTC 3549/1999). °A sacarose foi utilizada como edulcorante e a água foi adicionada como solvente até se obter uma bebida com uma concentração de sólidos solúveis de 10 Brix. °A respectiva quantidade de hidrocolóides foi adicionada após preparação numa suspensão de água a 40 C. Além disso, foi adicionada uma mistura de conservantes igual a 0,125% para prolongar o prazo de validade e estudar o grau de estabilidade em condições de armazenamento. As bebidas foram homogeneizadas num dispersor ULTRA-TURRAX (IKA, T25 Basic, Alemanha) durante 60 segundos a 5000 rpm. Foram também submetidas a um processo de pasteurização suave a 60°C durante um minuto. °O produto final foi embalado em recipientes de plástico (PET) e armazenado sob refrigeração a 4,0 C até à sua posterior caraterização.

Testes rotacionais. As curvas de fluxo foram determinadas num viscosímetro (Brookfield, Modelo DV III Ultra, EUA) em modo rotacional, utilizando geometria de cilindro concêntrico (SC4-21, 2,5 cm de diâmetro). [1]A fim de eliminar a possível tixotropia apresentada pelo produto, foram realizadas varreduras da taxa de deformação (y) no intervalo de 0 a 200 s^ , primeiro de forma ascendente, depois descendente e finalmente ascendente. A curva obtida a partir do último procedimento foi tomada como referência para estudar o comportamento teológico da bebida formulada. O equipamento registou diretamente a tensão de cisalhamento (σ), a taxa de deformação (y) e a viscosidade aparente (μ). Os valores experimentais das curvas de fluxo foram ajustados aos modelos reológicos Newtoniano, Power Law, Herschel-Bulkley e Casson (Tabela 4-1). [2,1]O ajuste dos dados experimentais foi avaliado utilizando a ferramenta estatística de regressão não linear, e foram determinados parâmetros como o coeficiente de regressão (R), os quadrados médios do erro (MSE) e o teste de Fisher para a significância do modelo.

Tabela 3-1: Modelos reológicos estudados.

Modelo	Equação	Parâmetros
Newton	$\sigma = K(\gamma)$	K
Advogado com poder	$^{n}\sigma = K(\gamma)$	K, n
Herschel-Bulkley	$_0{}^{n}\sigma - \sigma + K(\gamma)$	$_0\sigma, K, n$
Casson	$\sigma = $)0+ $_{Ky}$0,5 .S (0.S)	$_0\sigma, K$

As medições experimentais foram efectuadas a temperaturas de 10, 20, 30, 40 e 50°C. A equação de Arrhenius (Eq. 4.1) foi utilizada para avaliar o efeito da temperatura nos parâmetros reológicos.

$$X = X_o \, e^{\left(E_a/RT\right)} \qquad \text{(Ec. 4.1)}$$

$_{0a}$Para obter a constante, X e a energia de ativação, E , linearizou-se a equação de Arrhenius em função da temperatura (T). Utilizou-se a ferramenta de regressão linear, determinando-se o coeficiente de regressão e a significância do modelo através do teste de Fisher.

Ensaios oscilatórios. O comportamento viscoelástico do material foi determinado num reómetro (Anton Paar, MCR 302, Áustria) em modo oscilatório, utilizando a geometria de placas paralelas com um diâmetro de 25 mm (P-PTD 200/E, Anton Paar, MCR 302). Foi estabelecido um intervalo de 1,0 mm entre as placas. O reómetro foi complementado com um sistema Peltier para controlo da temperatura da amostra, que foi previamente controlada e monitorizada. O perímetro da amostra exposta foi coberto com uma câmara metálica para minimizar a evaporação a altas temperaturas. Inicialmente, foi efectuada uma varredura de amplitude a 0-100% de deformação e a uma frequência de 1,0 Hz para determinar a região de viscoelasticidade linear. A caraterização viscoelástica do material foi obtida variando a frequência de 0,01 a 100 Hz (Augusto *et al.*, 2013b), onde todas as medidas reológicas foram realizadas em duplicata. O módulo de armazenamento (G'), uma medida da propriedade elástica, o módulo de perda (G"), uma medida da propriedade viscosa, e a tangente de perda (tan δ) foram obtidos diretamente do software Rheocompass versão 1.12 (Anton Paar, Áustria). O comportamento das variáveis acima mencionadas foi estudado em função da temperatura a 10, 20, 30, 40 e 50°C.

Desenho experimental. Para a experimentação, foi estabelecido um desenho rotacional central com pontos axiais, com quatro réplicas no ponto central. Os factores e níveis estabelecidos no estudo estão definidos na Tabela 4-2. Os resultados foram analisados estatisticamente através da geração de superfícies de resposta, análise de variância, teste de falta de ajuste e determinação dos coeficientes de regressão, utilizando o software Statgraphics Centurion XVI, versão 16.1.18.

Quadro 3-2: Factores analisados e codificação dos níveis estabelecidos.

Fator	Símbolo	Abaixo de	Médio	Elevado
Codificação				0+1
Aloé vera (%)	X_i		0,5	1,0	1,5
Goma xantana (%)	X_2	0,025	0,05	0,075
Carboximetilcelulose de sódio - CMC (%)	X_3	0,025	0,05	0,075

Os dados experimentais foram ajustados ao seguinte modelo de segunda ordem (Eq. 4.2):

$$^2y - \beta o + \sum L\ \beta iX\text{-}i + \sum L\ \beta n\chi\ \iota + \sum\sum F<\sqrt{}=\iota\ \beta ijXiXj$$

$_{ou}$Em que β , βi, β , βij são os coeficientes de regressão para os termos de interceção, interação linear e quadrática, respetivamente, e X é a variável independente.

ANÁLISE DOS RESULTADOS

Reologia rotacional: Os dados experimentais das medições rotacionais das bebidas de tomate de árvore foram ajustados a vários modelos reológicos, tais como Newton, Power Law, Herschel-Bulkley e Casson. Os modelos foram considerados estatisticamente significativos ($p<0,05$) com um coeficiente de regressão superior a 0,9 (Tabela 4-3). No modelo de Herschel-Bulkley, que relaciona três parâmetros, foram estimados valores negativos para o limiar de fluência, o que não faz sentido do ponto de vista físico. [2]No entanto, a lei de potência é o modelo que melhor se ajusta aos dados experimentais com R ≈ 1, e valores baixos de erro quadrático médio (EQS). Vários estudos explicaram o comportamento do fluxo em sumos de fruta utilizando o modelo da lei da potência (Cabrai *et al.*, 2007; Chin *et al.*, 2009; Sogi *et al.*, 2010; Goula e Adamopoulos, 2011; Quek *et al.*, 2013).

[o]**Tabela 3-3:** Parâmetros dos modelos reológicos estimados em bebidas de tomate de árvore sob condições de temperatura a 30 C.

Modelo	Parâmetros	Controlo	Ponto Mínimo	Ponto Médio	Ponto Máximo
Newton	K	0,006	0,010	0,013	0,018
	R^2	0,924	0,916	0,900	0,849
	GCE	0,012	0,045	0,076	0,228
Lei da Energia	K	0,032	0,065	0,089	0,177
	n	0,677	0,647	0,624	0,564
	R^2	0,997	0,999	0,999	0,999
	GCE	0,004	0,001	0,008	0,011
Herschel-Bulkley	K	0,028	0,063	0,086	0,179
	σo	0,023	0,015	0,019	-0,005
	n	0,699	0,654	0,631	0,563
	R^2	0,998	0,999	0,999	0,999
	GCE	0,004	0,001	0,008	0,013

Casson	K	0,065	0,087	0,096	0,098
	σ_0	0,027	0,048	0,058	0,084
	R^2	0,979	0,975	0,964	0,954
	GCE	0,002	0,005	0,009	0,012

As curvas de fluxo mostram uma diminuição da tensão de cisalhamento à medida que a taxa de deformação aumenta, expressa como uma diminuição da viscosidade aparente das diferentes bebidas de tomate de árvore formuladas (Fig. 4-1). Este comportamento é devido ao afinamento por cisalhamento não newtoniano, caraterístico de um fluido pseudoplástico. Abbasi e Mohammadi (2013) relataram um comportamento pseudoplástico, em sumos de laranja, avaliando diferentes concentrações de hidrocolóides. Banerjee e Ghosh (2015) também relatam que o sumo de tamarindo estabilizado com goma xantana e CMC a várias temperaturas se comportou como um fluido pseudoplástico.

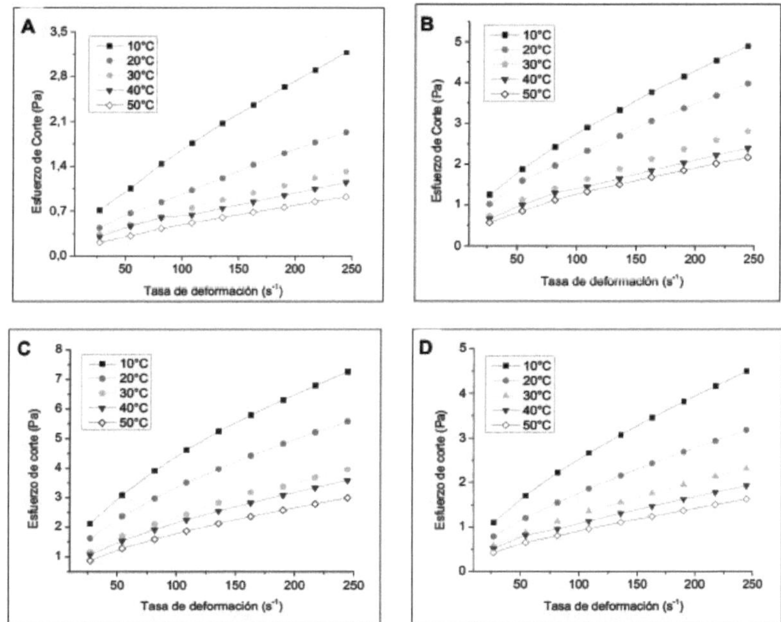

Figura 3-1: Comportamento reológico da bebida de tomate de árvore a várias temperaturas: (A) Controlo, (B) Ponto mínimo, (C) Ponto médio e (C) Ponto máximo.

A Tabela 4-4 mostra os valores do coeficiente de consistência, K, ajustados ao modelo de potência. Observa-se um aumento significativo ($p<0,05$) nos valores do coeficiente de consistência das bebidas formuladas com hidrocolóides em relação ao controlo. Por outras palavras, houve um aumento da viscosidade aparente das bebidas. Alguns autores citam que a adição de goma xantana e CMC aumentou a viscosidade da fase contínua em sucos de cenoura e maçã em relação ao controle, melhorando a estabilidade das partículas na dispersão (Liang et al., 2006; Ibrahim et al., 2011). ᵀᵀO coeficiente K, no modelo de lei de potência, variou de 0,019 a 0,326 Pa.s. Resultados semelhantes foram relatados para sumos de cereja, toranja e goiaba (Cabrai et al., 2007; Chin et al., 2009; Fasolin et al. Cunha, 2012). Adicionalmente, verifica-se um efeito acentuado no índice de consistência em função da temperatura. Este comportamento indica uma tendência para uma diminuição da viscosidade e um aumento do índice de fluidez das bebidas a temperaturas mais elevadas. Isto deve-se provavelmente ao facto de a coesão e a taxa de transferência da quantidade de movimento molecular nas suspensões diminuírem com o aumento da temperatura, diminuindo a força de cisalhamento do fluido (Earle, 1985). Xu *et al.* (2013) relatam que as soluções de goma xantana diminuem a viscosidade aparente com o aumento da temperatura. Foi descrito um comportamento semelhante em sumos de cenoura, melancia, tamarindo e toranja (Vandresen *et al.*, 2009; Sogi *et al.*, 2010; Ahmed *et al.*, 2007; Chin *et al.*, 2009).

[π]**Tabela 3-4:** Coeficiente de consistência K (Pa.s) em função da temperatura e ajuste ao modelo de Arrhenius.

Ensaio	X_1	X_2	X_s	°Temperatura (C)					Parâmetros de Arrhenius	
				10		30	40	50	$_0^nK$ (Pa.s)	$_aE$ (kJ/mol)
1	0	0	1,68	0,138	0,097	0,084	0,092	0,071	1,29E-03	10,824
	0	-1,68	0	0,073	0,051	0,044	0,053	0,035	2,83E-04	12,871
	-1,68	0	0	0,111	0,092	0,072	0,086	0,065	2,46E-03	8,914
		1	1	0,326	0,233	0,179	0,146	0,115	8,37E-05	10,384
5	1		1	0,084	0,063	0,044	0,046	0,039	1,78E-04	10,318
	0	0	0	0,149	0,127	0,090	0,095	0,075	6,15E-04	14,556
	1	1		0,163	0,148	0,183	0,109	0,078	6,15E-02	16,267
8	0	0	0	0,146	0,124	0,088	0,093	0,074	6,93E-03	12,544
	1			0,093	0,069	0,073	0,048	0,040	1,31E-04	16,465
10	0	0	-1,68	0,100	0,082	0,069	0,067	0,046	3,46E-04	15,365
	0	1,68	0	0,271	0,232	0,183	0,185	0,162	9,49E-02	11,582
	1,68	0	0	0,178	0,136	0,099	0,108	0,087	7,54E-04	12,690
	0	0	0	0,150	0,129	0,092	0,098	0,077	7,89E-04	14,321
	0	0	0	0,106	0,115	0,090	0,095	0,074	2,94E-02	14,600
			1	0,175	0,122	0,084	0,068	0,052	1,64E-05	9,933
	1	1	1	0,326	0,244	0,177	0,164	0,131	2,36E-02	16,923
				0,131	0,090	0,065	0,065	0,053	1,18E-04	16,278
18		1		0,226	0,177	0,147	0,119	0,106	4,51E-04	14,585
Controlo	-	-	-	0,063	0,035	0,032	0,037	0,019	1,02E-06	20,330

Os coeficientes de regressão foram superiores a 0,90.

Os valores do índice de fluidez são inferiores à unidade ($n<1$), indicando o comportamento pseudoplástico das bebidas de tomateiro (Tabela 45). Observa-se uma diminuição dos valores do índice, n, nos néctares formulados com hidrocolóides, em relação ao controlo. A redução da pseudoplasticidade nas bebidas é possível devido à incorporação de hidrocolóides na suspensão. Xu *et al.* (2013) mencionam que os hidrocoloides em geral apresentam um comportamento não newtoniano do tipo pseudoplástico, dado por uma diminuição da viscosidade aparente em altas taxas de cisalhamento. [πo]O índice n, para o modelo de lei de potência, variou de 0,522 a 0,728 Pa.s . Cabrai *et al.*, (2007) e Quek *et al.*, (2013) relatam valores semelhantes em sumos de cereja e graviola, respetivamente, formulados a uma concentração de sólidos a 20 Brix. O índice de comportamento do fluxo (n) tende a diminuir com o aumento da temperatura, com base no ajuste significativo à relação de Arrhenius. A diminuição do índice n intensifica a pseudoplasticidade das bebidas de tomate arbóreo. Este facto está de acordo com a

[°]relatados por Kumar e Kumar (2015), que destacaram um aumento da Pseudoplasticidade em sucos de beterraba com concentração de sólidos de 25°Brix, na faixa de 30 a 80 C. Yogurtçu e Kamişli (2006), também relatam uma redução no comportamento da velocidade de escoamento com o aumento da temperatura, em xaropes concentrados de frutas.

Tabela 3-5: Índice de comportamento do fluxo (n), em função da temperatura e ajuste ao modelo de Arrhenius.

Ensaio	Xi	X_2	X_3	°Temperatura (C)					Parâmetros de Arrhenius	
				10		30	40	50	Πo	$_aE$ (kJ/mol)
i	0	0	1,68	0,639	0,659	0,632	0,584	0,615	0,242	2,442
	0	-1,68	0	0,703	0,724	0,690	0,625	0,675	0,160	0,627

	-1,68	0	0	0,645	0,638	0,629	0,576	0,610	0,422	0,006
		1	1	0,566	0,561	0,561	0,568	0,573	0,416	0,213
5	1		1	0,710	0,687	0,697	0,642	0,637	0,282	2,180
	0	0	0	0,634	0,625	0,624	0,584	0,612	0,486	0,651
	1	1		0,615	0,575	0,501	0,550	0,577	0,444	0,675
8	0	0	0	0,634	0,626	0,623	0,586	0,609	0,38	0,652
	1			0,687	0,658	0,595	0,626	0,628	0,307	2,874
10	0	0	-1,68	0,664	0,625	0,614	0,601	0,631	0,300	1,829
	0	1,68	0	0,549	0,548	0,546	0,522	0,535	0,441	0,524
	1,68	0	0	0,618	0,623	0,622	0,578	0,602	0,428	0,936
	0	0	0	0,637	0,625	0,622	0,583	0,611	0,474	0,688
	0	0	0	0,605	0,626	0,621	0,583	0,613	0,489	0,609
			1	0,653	0,660	0,664	0,664	0,677	0,287	0,619
	1	1	1	0,565	0,569	0,564	0,560	0,567	0,488	0,366
				0,643	0,648	0,647	0,613	0,620	0,401	1,160
		1		0,581	0,572	0,555	0,563	0,550	0,387	0,952
Controlo	-	-	-	0,713	0,728	0,677	0,722	0,704	0,143	3,922

Os coeficientes de regressão foram superiores a 0,90.

$_0$A relação de Arrhenius foi utilizada para descrever o efeito da temperatura sobre os parâmetros reológicos estimados no modelo de lei de potência, obtendo-se modelos significativos para o coeficiente de consistência (K). $_{0a}$A Tabela 4-4 apresenta os resultados do fator de frequência K e da energia de ativação (E) determinados a partir da equação de Arrhenius. $_{00}$Estimou-se que a concentração de goma xantana exerceu um efeito significativo ($p<0,05$) no fator de frequência, K. O fator K, variou de 1,02-06 a 9,49E-02 valores próximos aos relatados por Quek et $al.$, (2013) em concentrados de suco de graviola em uma faixa de temperatura de 10 a 50°C. Goula e Adamopoulos (2011) estimaram valores semelhantes do fator de frequência em sumos de kiwis com uma concentração de sólidos de 15 e 30°Brix, para uma gama de temperaturas de 25 a 65°C. $_0$O modelo matemático que descreve o comportamento do $fator$ K, apresentou um coeficiente de regressão de 0,79 (Tabela 4-6), e o teste de ajuste mostra que o modelo selecionado é adequado para descrever o seu comportamento ($p>0,05$). $_0$Na Fig. 4-2, observa-se um aumento do $fator$ K à medida que a concentração de goma xantana aumenta. Garcia et $al.$, (2000) citam que a goma xantana é um estabilizante de alto peso molecular, que gera um aumento significativo na viscosidade aparente e diminuição na taxa de fluxo em suspensões de partículas, em comparação com o efeito de outras gomas. Para além disso, não foi encontrado qualquer efeito significativo devido à incorporação de aloé vera e CMC. $_0$No entanto, à medida que a concentração de CMC aumentava, o $fator$ K diminuía, possivelmente devido ao efeito da temperatura na estabilidade do hidrocolóide. Coffey et $al.$, (2006) argumentam que as soluções viscosas de CMC são afectadas pela temperatura, diminuindo gradualmente com o aumento do efeito térmico.

$_{000a}$**Quadro 3-6:** Parâmetros de regressão para o coeficiente de consistência K, o caudal n, o fator de consistência (K), o fator de caudal (n) e a energia de ativação (E).

Coeficientes de regressão	$^n tf(Pa.s)$, [10°C].	$_0^n K$ (Pa.s)	$^\circ \Pi$, [10 C]	n_0
β_o	0,26	-0,01	0,64	0,21
β_l	-0,15	0,02	0,06	-0,16
β_2	-3,82	-1,69	0,24	5,39
β_3	-1,81	1,36	-0,05	5,09
β_n	0,66	0,84	NS	NS
β_{l2}	0,10	-0,37	-0,22	1,04
β_{13}	45,6	NS	NS	NS
β_{22}	0,05	-0,02	NS	NS

	34,92	19,39	-4,09	-70,68
$_2\beta\,3$	34,92	19,39	-4,09	-70,68
$_3\beta\,3$	NS	NS	10,33	-87,37
R^2	0,82	0,79	0,91	0,87
Modelo (p-valor)	0,03	0,05	0,01	0,01
Ajuste em falta (p-valor)	0,06	0,31	0,26	0,58

*NS: Coeficientes não significativos

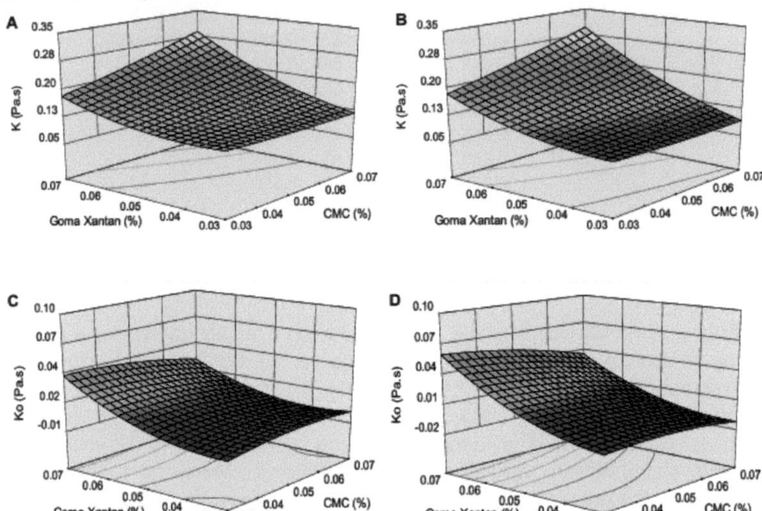

$_0$**Figura 3-2:** Superfícies de resposta para o coeficiente de consistência *(K)* e fator de frequência (*K*): A) *Ka* $^{\infty\infty}{}_{oo}$10 C e 0,5% de aloé, B)A) *Ka* 10 C e 1,5% de aloé; C) *K* para 0,5% de aloé, D) *K* para 1,5% de aloé.

$_0$Por outro lado, a concentração de goma xantana influenciou significativamente (p<0,05) o comportamento do fator *n* (Tabela 4-5), mostrando um aumento gradual devido à concentração de hidrocolóide (Fig. 4-3). Por outras palavras, é evidente a tendência das bebidas para um comportamento pseudoplástico. Williams e Phillips (2009) argumentam que a transição entre o comportamento newtoniano e pseudoplástico em algumas bebidas está associada ao aumento da viscosidade proporcionado por soluções de hidrocolóides de elevado peso molecular. $_0$No entanto, a concentrações mais elevadas de goma xantana, verifica-se uma ligeira diminuição do *fator n* . Este facto está provavelmente associado a alterações conformacionais na estrutura do hidrocolóide com o aumento da temperatura, causando uma maior desorganização das moléculas e uma diminuição da viscosidade da suspensão (Xu *et al.*, 2013). $_0$ ^{2}O modelo matemático estimado que descreve o comportamento do fator *n* registou um coeficiente de determinação, R, de 0,86 (Tabela 4-6). Da mesma forma, o modelo obtido em relação ao teste de bondade de ajuste apresentou uma boa estimativa estatística (p>0,05). $_0$O valor do fator *n* , para o caudal ajustado a várias temperaturas, de acordo com a equação de Arrhenius, variou entre 0,16 e 0,49 (Tabela 4-5). Estes valores são mais elevados do que os relatados por Vandresen *et al.* (2009) para sumo de cenoura pasteurizado com uma concentração de sólidos totais de 8%. Esta diferença pode estar relacionada com o efeito do processo de pasteurização, o intervalo estabelecido para avaliar o efeito térmico, a incorporação de hidrocolóides e a concentração de sólidos.

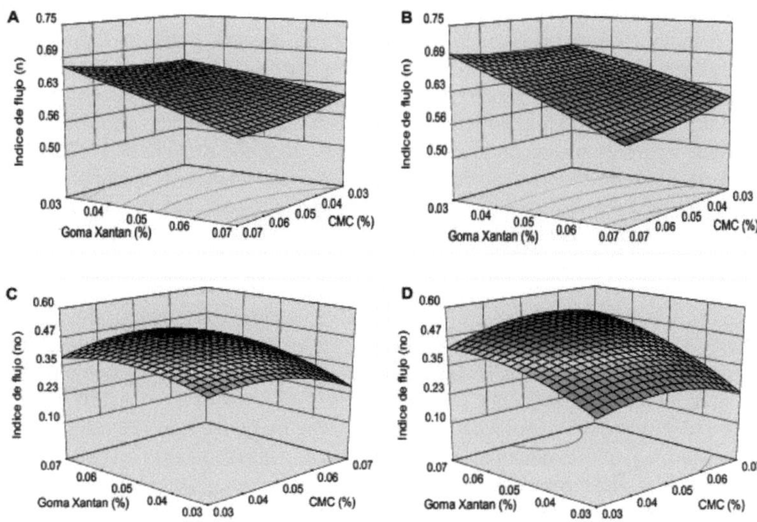

$_{0}{}^{oo}{}_{oo}$**Figura 3-3:** A) Superfícies de resposta para a taxa de fluxo (n) e o fator de frequência (n): A) n a10 C para 0,5% de aloé, B) n a10 C para 1,5% de aloé, C) n para 0,5% de aloé; D) n para 1,5% de aloé.

^{o}Dada a importância de avaliar a estabilidade das bebidas em condições de armazenamento refrigerado, os parâmetros reológicos *Kyn* foram analisados a uma temperatura de 10 C. Verificou-se que a concentração de goma xantana tinha um efeito significativo ($p<0,05$) nos parâmetros reológicos, com um aumento da consistência da bebida e uma tendência para um fluido pseudoplástico à medida que a concentração do hidrocolóide aumentava (Fig. 4-2, Fig. 4-3). Whistler e BeMiller, (1997) referem que as soluções de goma xantana formam estruturas rígidas devido à formação de agregados de elevado peso molecular, conferindo às suspensões uma viscosidade acrescida e uma pseudoplasticidade notável. Resultados semelhantes foram relatados em polpa de maracujá estabilizada com goma xantana (Moraes *et al.*, 2011). Além disso, o aumento da viscosidade aparente e a maior estabilidade das suspensões com o aumento da concentração de goma xantana são evidenciados no sumo de maçã (Genovese e Lozano, 2001) e no sumo de cenoura reconstituído (Liang *et al.*, 2006). A lei de Stokes indica que a sedimentação das partículas em suspensão é inversamente proporcional à sua viscosidade, o que significa que uma viscosidade mais elevada pode aumentar a estabilização do sumo (Genovese e Lozano, 2001). ^{o}Os modelos matemáticos estimados para o *Kyna* 10 C, apresentaram coeficientes de determinação de 0,82 e 0,91, respetivamente (Tabela 4-6). Da mesma forma, o teste de ajuste permite inferir que os coeficientes estimados descrevem satisfatoriamente o comportamento das variáveis analisadas ($p>0,05$).

$_{aa}$Por outro lado, verificou-se que as concentrações de goma e aloé vera não tiveram efeito significativo ($p>0,05$) no parâmetro de energia de ativação, E. A energia de ativação (E) é a energia limite que deve ser excedida para que o processo de fluxo elementar ocorra (Shamsudin *et al.*, 2013). $_{a}$O valor de E estimado a partir dos coeficientes de consistência caraterísticos das várias bebidas formuladas variou de 8,914 a 20,330 kJ/mol (Tabela 4-4). ^{o}Estes resultados são inferiores aos estimados para os concentrados de sumo de toranja (Quek *et al.*, 2013) e de graviola (Chin *et al.*, 2009) com um teor de sólidos de 20 Brix. Estas diferenças podem ser marcadas pelos intervalos de temperatura estabelecidos em cada estudo. $_{a}$Além disso, Haminuik *et al.*, (2006) afirmam que as mudanças mais significativas na viscosidade são alcançadas a altas temperaturas, e estão associadas a altos valores de E_a. No entanto, é detectada uma diminuição da E_a nas bebidas formuladas com hidrocolóides em comparação com o controlo. Esta diminuição deve-se, possivelmente, à incorporação de hidrocolóides como a goma xantana e a CMC, substâncias que em suspensão adquirem um comportamento pseudoplástico, caracterizado por uma diminuição da viscosidade aparente a altas taxas de deformação. Segundo Krokida *et al.* (2001), o valor da energia de ativação tende a aumentar nas suspensões em que o comportamento de escoamento é próximo do newtoniano, como simulado pela bebida de controlo, que apresentou um índice de comportamento de escoamento mais próximo da unidade.

Reologia oscilatória - O módulo elástico ou de armazenamento (G') e o módulo viscoso ou de perda (G") em função da frequência em bebidas de tomate para árvores estão representados na Fig. 4-4. O módulo elástico (G') sempre predominou sobre o módulo viscoso (G"), para todas as formulações. Isto indica que as propriedades elásticas foram dominantes sobre as viscosas, pelo que as bebidas podem ser definidas como géis fracos. Este comportamento está presente na maioria das suspensões com estrutura em rede, caraterística de produtos derivados de vegetais e frutas (Augusto *et al.*, 2013b). Os mesmos autores relatam a predominância do componente elástico em sumos de tomate homogeneizados a altas pressões. Moraes *et al.* relatam um comportamento gelatinoso (G'>G") em sumos de maracujá estabilizados com xantana. Benchabane e Bekkour (2008) destacam o efeito dominante do módulo de elasticidade em comparação com o módulo de viscosidade em suspensões de CMC de baixa concentração (<2,0%). Tiziani e Vodovotz (2005) relatam resultados semelhantes em sumos de tomate aos quais foi adicionada proteína de soja. Os autores consideram que o produto formulado se comporta fisicamente como um gel fraco (G'>G"), devido à estrutura reticulada formada pela pectina altamente esterificada na presença de iões de cálcio. Moelants *et al.*, (2013) citam que as suspensões derivadas de cenoura se comportam elasticamente quando avaliadas numa faixa de frequência angular de 0-10 rad/s.

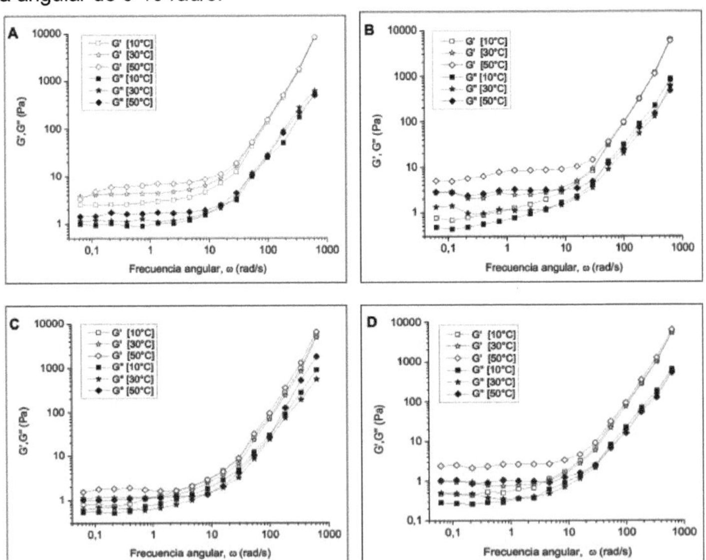

°**Figura 3-4**: Comportamento viscoelástico das bebidas de tomate de árvore a temperaturas de 10, 30 e 50 C:

(A) Controlo, (B) Ponto mínimo, (C) Ponto central, e (D) Ponto máximo.

Os resultados das varreduras de frequência foram analisados utilizando um modelo de lei de potência (Eq. 3 e 4) em que K'', K'', n', n'' são constantes e ω é a frequência angular. Os valores dos parâmetros estimados estão resumidos na Tabela 4-7.

$$G' = K'(\omega)^{n'} \qquad \text{(Ec. 4.3)}$$

$$G'' = K''(\omega)^{n''} \qquad \text{(Ec. 4.4)}$$

[1]Os valores de K' e K'' variaram de 0,006-0,086 Pa.s ' e 0,009-0,063 Pa.s ", respetivamente. Estes valores são inferiores aos reportados por Augusto et al., (2013b) em sumo de tomate, possivelmente devido às diferentes condições de trabalho (gama de frequências angulares). Os valores de n' e n "situaram-se no intervalo de 1,546 a 2,124 e 1,351-1,942, respetivamente. Estes valores estão de acordo com os relatados para o sumo de tomate tratado a alta pressão (HPH). Uma vez que as magnitudes de G' foram ligeiramente superiores às de G", e os valores de n'e n "foram pequenos mas diferentes de zero, o comportamento reológico de todos os néctares é descrito como géis fracos. Resultados semelhantes foram registados por Moelants et al., (2013) em suspensões de cenoura. Sharoba et al., (2006) estimaram, sob a lei de potência, valores de declive positivos em sumos e pastas de tomate, a partir dos quais declararam o sistema físico destes produtos como géis fracos. Da mesma forma, Chen et al. (1996) inferiram que as suspensões de globulina estabilizadas com amido de milho e proteína de soja se comportam como géis, com base na estimativa de parâmetros viscoelásticos ajustados ao modelo de lei de potência.

Comparando os valores dos expoentes estimados a partir da lei de potência, verificamos que $n' > n''$, inferindo que a componente elástica é mais dependente da frequência do que a componente viscosa (Falguera & Ibarz, 2014). Este comportamento é claramente observado quando as bebidas são sujeitas a frequências elevadas (>10rad/s). O efeito da frequência e da dominância do carácter elástico na viscosidade tem-se mostrado típico na reologia de suspensões de sumos de fruta e outros produtos derivados de vegetais (Ahmed et al., 2007; Semero et al., 2009; Augusto et al., 2013b; Falguera & Ibarz, 2014). À medida que a frequência oscilatória aumenta, o período de deformação aplicada diminui, e o tempo para o rearranjo estrutural da amostra é demasiado curto. Por esta razão, as deformações elásticas na estrutura tornam-se mais significativas do que as propriedades viscosas (Ahmed et al., 2007).

[o]**Tabela 3-7:** Parâmetros viscoelásticos estimados de acordo com o modelo da lei da potência, em bebidas de tomate de árvore a uma temperatura de 30 C.

[o]Temperatura (C)

		10		30	40	50
K'	Controlo	0,029	0,036	0,039	0,021	0,075
	Mínimo	0,011	0,006	0,008	0,013	0,027
	Central	0,035	0,034	0,033	0,026	0,046
	Máximo	0,043	0,014	0,019	0,013	0,027
K''	Controlo	0,029	0,009	0,032	0,011	0,050
	Mínimo	0,012	0,006	0,010	0,017	0,032
	Central	0,036	0,042	0,053	0,014	0,028
	Máximo	0,049	0,017	0,016	0,009	0,010
n'	Controlo	1,831	1,809	1,795	1,546	1,652
	Mínimo	1,942	2,084	1,983	1,945	1,762
	Central	1,710	1,719	1,718	1,78	1,577
	Máximo	1,620	1,875	1,769	1,942	1,771
n''	Controlo	1,461	1,769	1,468	1,762	1,357
	Mínimo	1,636	1,784	1,623	1,564	1,351
	Central	1,466	1,429	1,287	1,641	1,485

| Máximo | 1,391 | 1,629 | 1,589 | 1,659 | 1,709 |

Os coeficientes de regressão foram superiores a 0,95.

A Fig. 4-4 mostra a tendência dos módulos viscoelásticos em função da temperatura nas bebidas de tomate para árvores. Pode ser visto que os módulos G' e G" diminuem ligeiramente com o aumento da temperatura. No entanto, existe um comportamento diferente dos valores do módulo quando comparados com frequências altas e baixas. Para altas frequências angulares (ω>10rad/s) não se observam diferenças acentuadas nos valores de G' e G" no intervalo de temperatura de 0 a 50°C. No entanto, a baixas frequências angulares (ω<10 rad/s), os valores de G' e G" tendem a ser ligeiramente diferentes com o aumento da temperatura. Este comportamento deve-se provavelmente à forma de armazenamento ou perda de energia que ocorre nas diferentes gamas de frequência. Chaikham e Apichartsrangkoon (2012) argumentam que o armazenamento de energia em altas frequências é reversível e é marcado pelo alongamento elástico das cadeias moleculares. No entanto, a baixas frequências, o modo de armazenamento e perda de energia depende do movimento de translação das moléculas, que é considerado uma medida de temperatura.

No entanto, a diminuição dos módulos viscoelásticos com o aumento da temperatura tem-se revelado predominante em vários produtos à base de fruta. Sharoba *et al.,* (2006) relatam uma diminuição de G' e G" em sumos de tomate à medida que a temperatura aumenta no intervalo de O a 50 °C. Tiziani e Vodovotz, (2005) observam uma diminuição do módulo em sumos de tomate com proteína de soja durante o aquecimento até 65°C. O mesmo comportamento foi relatado em polpa de maracujá estabilizada com goma guar e goma xantana em baixas frequências angulares (<10 rad/s). Para avaliar o efeito da temperatura no comportamento viscoelástico das bebidas, os parâmetros *K', K", n , n "foram* ajustados à equação de Arrhenius. Os modelos estimados não foram significativos (p>0,05), e os coeficientes de determinação foram relativamente baixos. Ou seja, não foi encontrada uma relação linear para os módulos G' e G" versus temperatura. Resultados semelhantes foram determinados em sumos de tomate, quando se avaliaram os módulos oscilatórios da viscosidade complexa em função da temperatura (Tiziani e Vodovotz, 2005).

A Fig. 4-5 mostra o comportamento da tangente ou fator de perda (δ) a diferentes temperaturas. Observa-se que os valores são inferiores à unidade (tan δ<1,0), confirmando o comportamento viscoelástico ou de gel sólido das bebidas formuladas (Rao, 2006). Também se verificou que o rácio do módulo (G7G) depende da frequência. O estudo detalha uma tendência para tan (δ) permanecer constante a baixas frequências (<1,0 Hz), mas começa a diminuir com o aumento das velocidades de oscilação (>1,0 Hz). Uma tendência semelhante na variação da tan (δ), em sumos de leite de laranja estabilizados com goma persa, foi relatada por Abbasi e Mohammadi (2013). Moraes *et al.* (2011) relataram que a tan (δ) em polpa de maracujá apresentou valores menores que a unidade com uma fraca dependência de frequência para amostras formuladas com goma xantana. No entanto, a diminuição da razão G"/G' em altas frequências confirma a predominância do componente elástico associado a materiais poliméricos (hidrocoloides) na suspensão, uma vez que esses sistemas se aproximam de géis verdadeiros.

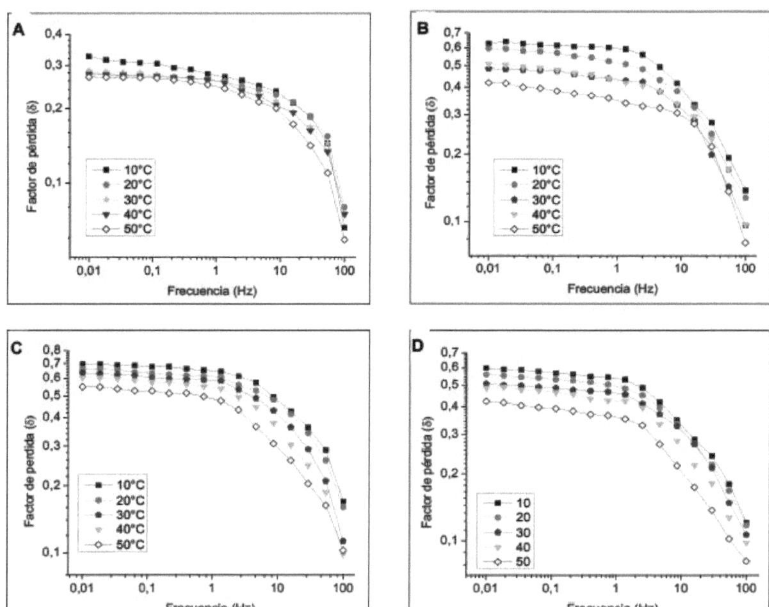

Figura 3-5: Comportamento da tangente ou fator de perda (δ) em função da temperatura em bebidas de tomate para árvores. A) Controlo, B) Ponto mínimo, C) Ponto médio, D) Ponto máximo.

A temperatura exerceu uma ligeira influência na diminuição do fator de perda, no entanto, não foi encontrada uma relação linear a partir da equação de Arrhenius. Sharoba *et al.,* (2006) ao avaliarem as propriedades viscoelásticas do sumo e da pasta de tomate na gama de 0,01 a 100 Hz, verificaram uma diminuição dos valores de tan (δ) durante o aquecimento. Do mesmo modo, Tiziani e Vodovotz, (2005) descrevem o efeito da temperatura em parâmetros como a viscosidade complexa e tangente, indicadores do comportamento viscoelástico das dispersões alimentares. Os autores descrevem que o aumento da temperatura pode afetar o sistema físico dos sumos que se comportam como um gel, causando ligeiros danos na sua estrutura, provavelmente devido ao enfraquecimento das interações hidrofílicas e hidrofóbicas entre os hidrocolóides e as partículas de polpa de tomate em suspensão. Caraterísticas semelhantes foram relatadas por Choppe *et al.,* (2010) em suspensões de goma xantana submetidas a varreduras de frequência entre 0,01 e 100 Hz. Lad e Murthy (2013) referem que o aumento da temperatura provocou um enfraquecimento da estrutura reticulada formada pelos constituintes polissacáridos do gel de aloé vera, resultando numa diminuição da tangente.

°Para avaliar a estabilidade das bebidas em condições de armazenamento, foi analisado o comportamento dos parâmetros viscoelásticos G', G" e tan (δ) a uma temperatura de 10 C e uma frequência de 0,1 Hz. Estimou-se que a adição de hidrocolóides e aloé vera não influenciou o comportamento dos módulos viscoelásticos (p>0,05), mantendo-se a tendência G'>G" nas bebidas. Por outro lado, Falguera & Ibarz, (2014) sugerem que em baixas frequências, o sistema físico do produto é simulado em condições de baixa deformação, como ocorre durante o armazenamento e na sedimentação de partículas em suspensão. A tan (δ) tem sido considerada uma medida relevante da estabilidade física em dispersões, tendo-se verificado que para valores de tan (δ) <1,0, as dispersões são menos susceptíveis à separação de fases (Kuentz e Rothlisberger, 2003). Mezger (2006) argumenta que a estrutura fraca do gel (tan δ<1,0) é exibida como uma certa forma de estabilidade das dispersões alimentares. Com base na análise estatística, verificou-se que os factores concentração de goma xantana e concentração de CMC são significativos no comportamento da tan (δ) em bebidas à base de tomate de árvore (p<0,05). O modelo matemático estimado que descreve o comportamento da tan (δ) apresentou um coeficiente de determinação de 0,89 (Tabela 4-8). Da mesma forma, o modelo obtido em relação ao teste de ajuste mostrou uma boa estimativa estatística (p>0,05).

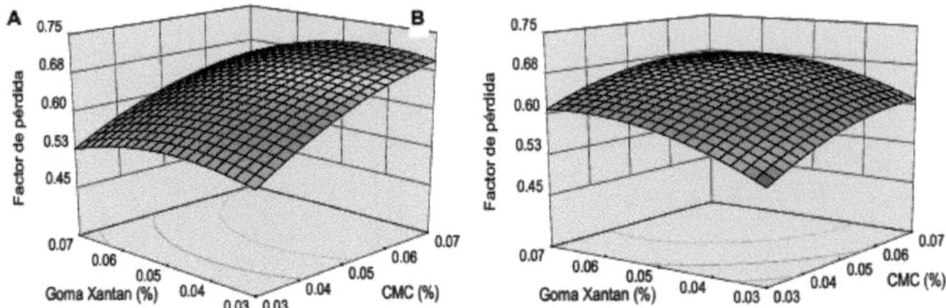

°**Figura 3-6:** Superfície de resposta para a tangente de perda (tan δ) a 10 C e 0,1 Hz. A) 0,5% Aloé vera

(ponto mínimo), B) Aloé vera 1,5% (ponto máximo).

A Fig. 4-6 mostra que, à medida que a concentração de hidrocoloide aumenta, os valores de tan δ aumentam, mas a estrutura fraca do gel é preservada (tan δ<0,1). Resultados semelhantes foram relatados por Moraes *et al.* (2011) em sucos de maracujá tratados com goma xantana. Os autores citam que essas caraterísticas podem ser explicadas pelo fato de que os hidrocolóides em suspensões tendem a formar uma estrutura complexa altamente ordenada na forma de uma rede de moléculas rígidas, particularmente um gel fraco, contribuindo para a estabilidade das partículas em suspensão (Rao, 2006; Norton *et al.*, 2011). Este facto está de acordo com Meng e Rao (2005), que argumentam que o comportamento físico semelhante a um gel de algumas suspensões alimentares é principalmente atribuído à presença de substâncias poliméricas. Chaikham e Apichartsrangkoon (2012) encontraram uma predominância do componente elástico em sumos *de Dimocarpus longan* utilizando uma concentração de 0,1% de xantana, para a qual foram estimados valores de tangente inferiores à unidade. O aumento dos valores da componente viscoelástica em suspensões de sumo de maçã é derivado da utilização de amidos de milho reticulados (Meng e Rao, 2005). Estes autores referem que o aumento da concentração de amido na suspensão gera um aumento dos valores da tangente a baixas frequências (<10Hz).

°**Tabela 3-8:** Efeitos do modelo de regressão para a tangente de perda (δ) a 10 C e 0,1 Hz.

Coeficientes de regressão tan (δ)	
ßo	0,43
ßl	-0,19
ß2	1,77
β_3	8,72
$\beta 11$	NS
ß$l2$	3,80
β 13	-2,22
β22	-47,21
$_2\beta$ 3	-11,20
$_3\beta$ 3	-37,57
R^2	0,89
Modelo (p-valor)	0,04
Ajuste em falta (p-valor)	0,96

*NS: Coeficientes não significativos

Verificou-se que uma concentração máxima de 0,15% de xantana confere caraterísticas viscoelásticas óptimas num sumo de fruta, conferindo estabilidade com base na dominância do componente elástico (G'>G") e um valor tan (δ) <1,0 (Chaikham e Apichartsrangkoon, 2012). Benchabane e Bekkour (2008) relatam que suspensões com baixa concentração de CMC (<2,0%) podem conferir boa estabilidade devido ao seu fraco comportamento gelatinoso. A partir do acima exposto, as propriedades viscoelásticas desejáveis (G'>G") com valores de tan (δ) <1,0, em bebidas de tomate de árvore são percebidas para concentrações de goma xantana maiores ou iguais a 0,025%, e concentrações de CMC maiores ou iguais a 0,05%. Além disso, sob essas mesmas concentrações, percebe-se um comportamento pseudoplástico (*n<1*) e um aumento significativo da viscosidade da fase contínua (aumento do coeficiente de consistência, *K*, parâmetros que são relacionados como indicadores de boa estabilidade em suspensões). Tiziani e Vodovotz 2005) argumentam que a elevada capacidade de retenção de água e a capacidade de aumentar a viscosidade da fase contínua dos colóides hidrofílicos, evidenciam as suas propriedades de retenção de partículas e de ionização, formando por sua vez uma estrutura gelatinosa mais forte (G'>G") conferindo estabilidade às suspensões alimentares. Por outro lado, observa-se que a goma xantana pode exercer melhores propriedades estabilizantes do que a goma CMC em concentrações mais baixas. Alguns autores referem que, apesar do seu elevado custo, a goma xantana continua a ser a primeira escolha devido às suas propriedades reológicas inigualáveis. [1]Eles afirmam que a capacidade de conferir maior viscosidade a baixas taxas de cisalhamento (<10s"), maiores propriedades viscoelásticas e menor deformação por fluência são responsáveis por suas excelentes propriedades estabilizantes (Lazaridou *et al.*, 2007; Li *et al.*, 2015).

CONCLUSÕES

O presente estudo demonstrou o efeito significativo da adição de hidrocolóides nas propriedades reológicas das bebidas à base de tomate. [2]As caraterísticas de fluxo de todas as bebidas foram melhor descritas pelo modelo da Lei da Potência com um coeficiente de correlação elevado (R $\approx$1). A diminuição do índice de comportamento do fluxo (*n*) marcada pela incorporação de materiais poliméricos indica o comportamento pseudoplástico das bebidas formuladas. O princípio de Arrhenius foi aplicado de forma adequada para descrever o efeito da temperatura no coeficiente de consistência e no índice de comportamento do fluxo. A viscosidade dos néctares formulados diminuiu significativamente com o aumento da temperatura.

Os ensaios dinâmicos oscilatórios confirmam o comportamento de gel fraco dos produtos, dados valores de *n'* e *n"* superiores à unidade, e a predominância do módulo de elasticidade (G'>G"). A adição de hidrocolóides e aloé aumentou os valores dos módulos G' e G". O aumento da temperatura não mostrou uma tendência linear nos parâmetros que descrevem o comportamento viscoelástico, com base no princípio de Arrhenius. Verificou-se que o coeficiente de consistência (*K*) e a tangente de perda (tan δ) foram significativos com a adição de hidrocolóides (p>0,05). Concentrações de goma xantana $\geq$ 0,025% e CMC $\geq$ 0,05% podem conferir boa estabilidade física, diminuindo assim o fenómeno de sedimentação e separação de fases em bebidas de tomate de árvore.

AGRADECIMENTOS

Os autores gostariam de agradecer à Direção de Investigação (DIME) da Universidade Nacional da Colômbia - Medellín, pelo apoio financeiro ao projeto de investigação registado com o número 19822, através da convocatória "Programa Nacional de Projectos para o fortalecimento da investigação, criação e inovação em estudos de pós-graduação 2013-2015".

BIBLIOGRAFIA

Abbasi, S., Mohammadi, S. (2013). Estabilização da mistura de leite e sumo de laranja utilizando goma persa: Eficiência e mecanismo. *Biociência Alimentar*, 2(1), 53-60.

Ahmed, J., Ramaswamy, H. S., Sashidhar, K. C. (2007). Caraterísticas reológicas dos concentrados de sumo de tamarindo *(Tamarindus indica L.)*. *LWT - Ciência e Tecnologia Alimentar*, 40(2), 225-231.

Augusto, P. E., Ibarz, A., Cristianini, M. (2013a). Efeito da homogeneização de alta pressão (HPH) nas propriedades reológicas do suco de tomate: propriedades viscoelásticas e a regra de Cox-Merz. *Journal of FoodEngineering*, 114(1), 57-63.

Augusto, P., Ibarz, A., Cristianini, M. (2013b). Efeito da homogeneização de alta pressão (HPH) nas propriedades reológicas do suco de tomate: comportamentos de fluência e recuperação. *Food Research International, 54(1), 169-176.*

Banerjee, I., Ghosh, U. (2015). Efeito de diferentes hidrocolóides na reologia do suco de Oftamarind *(Tamarindus indica* L.). *InternationalJournalofLatest Trendsin Engineering and Technology, 5(1),* 60-70.

Benchabane, A., Bekkour, K. (2008). Propriedades reológicas de soluções de carboximetilcelulose (CMC). *Colloid and PolymerScience*, 286(10):1173-1180.

Boghani AH, Raheem A, Hashmi SI (2012) Estudos de desenvolvimento e armazenamento de uma bebida misturada de papaia e aloé vera pronta a servir (RTS). *Jornal de Processamento e Tecnologia Alimentar*, 3(19), 185189.

Coffey, D. G., Bel, D. A., Henderson, A. Cellulose and cellulose derivatives. In: Stephen, A. M., Phillips, G. O., Williams, P. A. Food polysaccharides and their applications. Boca Raton, EUA: CRC Press, 2006.

Cabral, R. A. F., Orrego, A. C. E., Gabas, A. L. Telis, R. J. (2007). Propriedades reológicas e termofísicas do sumo de amora. *Ciência e Tecnologia de Alimentos - Campinas*, 27(3): 589-596.

Chaikham. P., Apichartsrangkoon, A. (2012). Comparação das propriedades viscoelásticas e físico-químicas dinâmicas dos sumos longan pressurizados e pasteurizados com adição de xantana. *Food Chemistry*, 134 (4), 2194-2200.

Chen, C. J., Liao, H. J.; Okechukwu, P. E.; Damodaran, S., Rao, M. A. (1996). Propriedades reológicas de amido de milho aquecido + dispersões de globulina de soja 7S e 11S. *Jornal de Estudos de Textura*, 27(4), 419-432.

Chin, N. L., Chan, S. M., Yusof, Y. A., Chuah, T. G., Talib, R. A. (2009). Modelagem do comportamento reológico de concentrados de suco de pummelo usando curva mestre. *Jornal de Engenharia Alimentar*, 93(2), 134-140.

Choi, S. e Chung, M. (2003). Uma revisão sobre a relação entre os componentes do Aloe vera e seus efeitos biológicos. *Seminários em Medicina Integrativa*, 1,53-62.

Choppe, E., Puaud, F., Nicolai, T., Benyahia, L. (2010). Rheology Ofxanthan solutions as a function Oftemperature, concentration and ionic strength. *Carbohydrate Polymers*, 82 (4), 1228-1235.

Dak, M., Verma, R.C., Sharma, G.P. (2006). Caraterísticas de fluxo do sumo de manga Totapuri. *JournalofFood Engineering*, 76(4), 557-561.

Dominguez, F. R., Arzate, V. I., Chanona, P. J., Welti, C. J., Alvarado, G. J., calderón, D. G., Garibay, F. V., Gutiérrez, L. G. (2012). Gel de Aloe vera: estrutura, composição, química, processamento, atividade biológica e importância na indústria farmacêutica e alimentar. *Revista Mexicana de Ingeniería Química*, 11(1),23-43.

Earle, R. L. Unit Operations in Food Processing (Operações unitárias no processamento de alimentos). Segunda edição. Londres, Reino Unido: Pergamon Press, 1989, 207 p.

Falcone, P.M., Chillo, S., Giudici, P., Del Nobile, M.A. (2007). Medição das propriedades reológicas para aplicações na avaliação da qualidade do vinagre balsâmico tradicional: Descrição e avaliação preliminar de um modelo. *Jornal de Engenharia Alimentar*, 80 (1), 234-240.

Falguera, V., Ibarz, A. Processamento de sumos: qualidade, segurança e oportunidades de valor acrescentado. Primeira edição. Boca Raton, Flórida: CRC Press, 2014, 401 p.

Fasolin, L., e Cunha, R. (2012). Suco de graviola estabilizado com frações de soja: Uma abordagem reológica. *Ciência e Tecnologia de Alimentos*, 32(2), 558-567.

García, O. F., Santos, V. E., Casas, J. A., Gómez, E. (2000). Goma xantana: produção, recuperação e propriedades. *BiotechnologyAdvances*, 18(7), 549 - 579.

Genovese, D. B., Elustondo, M. P., Lozano, J. E. (1997). Estabilidade de cor e nuvem no suco de maçã turvo por aquecimento a vapor durante o esmagamento. *JournalofFoodScience*, 62(6), 1171-1175.

Genovese, D. B., Lozano, J. E. (2001). O efeito dos hidrocolóides na estabilidade e viscosidade dos sumos de maçã turvos. *FoodHydrocolloids*, 15(1), 1-7.

Genovese, D., Lozano, J. (2006). Contribuição das forças coloidais para a viscosidade e estabilidade do sumo de maçã turvo. *Food Hydrocolloids*, 20(6), 67-773.

Goula, A. M., Adamopoulos, K. G. (2011). Modelos reológicos de sumo de kiwis para aplicações de processamento. *FoodProcessing & Technology*, 2(1), 106-113.

Gratão, A.C, Silveira Jr., V., Telis-Romero, J. (2007). Escoamento laminar de sumo de graviola através de anéis concêntricos: factores de atrito e reologia. *JournalofFood Engineering 78 (4)*, 1343-1354.

Habeeb, F., Shakir, E., Bradbury, F., Cameron, P., Taravati, M. R., Drummond, A. J., Gray, A. I., Ferro, V. A. (2007). Métodos de triagem utilizados para determinar as propriedades antimicrobianas do Aloe vera innergel. *Methods*, 42, 315-320.

Haminuik, C. W., Sierakowski, M. R., Vidal, J. M., Masson, M. L. (2006). Influência da temperatura no comportamento reológico da polpa de araca integral *(Psidium Cattleianum sabine)*. *Ciência e Tecnologia de Alimentos*, 39(4), 426-430.

Hamman, J.H. (2008). Composição e aplicações do gel da folha de Aloé vera. Molecules, 13(8), 15991616.

Ibrahim, G., Hassan, I., Abd-Elrashid, A., El-Massry, K., Eh-Ghorab, A., Ramadan, M., Osman, F. (2011). Efeito dos agentes de turvação na qualidade do sumo de maçã durante o armazenamento. *Food Hydrocolloids*, 25(1), 91-97.

Instituto Colombiano de Normas Técnicas. NTC 3549. Refrigerantes de frutas. Bogotá: ICONTEC, 1999.

Instituto Colombiano de Normas Técnicas. NTC 4105 - Frutas frescas. Tomate de árvore, Especificações. Bebidas de frutas. Bogotá: ICONTEC, 1997.

Kou, M., Yen, J., Hong, J.; Wang, C.; Lin, C.; Wu, M. (2009). *Cyphomandra betacea Sendt.* os fenólicos protegem o LDL da oxidação e as células PC12 do estresse oxidativo. *LWT - Ciência e Tecnologia de Alimentos*, 42, 458-463.

Krokida, M.K., Maroulis, Z.B., Saravacos, G.D., 2001. Propriedades reológicas de produtos de puré de fruta e vegetais fluidos: Compilação de dados da literatura. *International Journal of Food Properties*, 4 (2), 179-200.

Kuentz, M., Rothlisberger, D. (2003). Avaliação rápida da estabilidade da sedimentação em dispersões utilizando medições de transmissão por infravermelhos próximos durante a centrifugação e a reologia oscilatória. *European Journal OfPharmaceutics and Biopharmaceutics*, 56(3), 355-361.

Kumar, S., Kumar, P. (2015). Modelação reológica de concentrados de sumo de beterraba não despectinizados. *JournalofFoodMeasurementandCharacterization, 1, 1-8.*

Lad, V. N., Murthy, Z.V.P. Rheology of Aloe barbadensıs Miller: A naturally available material of high therapeutic and nutrient value for food applications (Reologia de Aloe barbadensıs Miller: Um material naturalmente disponível de elevado valor terapêutico e nutritivo para aplicações alimentares). *Journal of Food Engineering*, 115(3), 279-284.

Lazaridou, A., Duta, D., Papageorgiou, M., Belc, N., Biliaderis, C. G. (2007). Efeitos dos hidrocolóides na reologia da massa e nos parâmetros de qualidade do pão em formulações sem glúten. *Jornal de Engenharia Alimentar*, 79(3), 1033-1047.

Liang, C., Hu., X., Ni, Y., Wu., J., Chen, F., Liao, X. (2006). Efeito dos hidrocolóides no sedimento da polpa, sedimento branco, turvação e viscosidade do sumo de cenoura reconstituído. *Food Hydrocolloids*, 20(8), 11901197.

Li, J. M., Nie, S. P. (2015). Os aspectos funcionais e nutricionais dos hidrocolóides nos alimentos. *Hidrocolóides alimentares*, na imprensa, 1-16.

Márquez, C., Otero, C., Cortes, M. (2007). Alterações fisiológicas, texturais, físico-químicas e microestruturais do tomate arbóreo *(Cyphomandra betacea S.)* na pós-colheita. *Revista da Faculdade de Química Farmacêutica*, 14 (2), 9-16.

Meng, Y., Rao, M. (2005). Propriedades reológicas e estruturais de dispersões de amido de milho ceroso com inchaço a frio e reticulado aquecido preparadas em sumo de maçã e água. *Carbohydrate Polymers*, 60(3), 291-300.

Meza, N., Manzano, M. J. (2009). Caraterísticas do fruto do tomate arbóreo *(Cyphomandra betaceae [Cav.] Sendtn)* com base na coloração do arilo na Zona Andina da Venezuela. *Revista UDO Agricola,* 9(2), 289-294.

Mezger, T. G. (2006). The rheology handbook. Segunda edição. Hannover: Vincentz Network, 300p.

Moelants, K. R. N., Cardinaels, R., Jolie, R. P., Verrijssen, T. A. J., Van Buggenhout, S., Zumalacarregui, L. M., Van Loey, A. M., Moldenaers, P., Hendrickx, M. E. (2013). Relação entre as propriedades das partículas e as caraterísticas reológicas das suspensões derivadas da cenoura. *Tecnologia de Bioprocessos Alimentares,* 6(5):1127-1143.

Moraes, I. C. F. F., Fasolin, L. H., Cunha, R. L., Menegalli, F. C. (2011). Propriedades reológicas dinâmicas e de cisalhamento constante de gomas xantana e guar dispersas em polpa de maracujá amarelo *(Passiflora edulis flavicarpa). Revista Brasileira de Engenharia Química,* 28(3), 483 - 494.

Norton, L., Spyropoulos, F., Cox, P. Practical Food Rheology-An Interpretive Approach. Primeira edição. Oxford, Reino Unido: Wiley-Blackwell, 2011,280 p.

Paquet, E., Bedard, A., Lemieux, S., Turgeon, S. L. (2014). Efeitos das bebidas à base de sumo de maçã enriquecidas com fibras alimentares e goma xantana na resposta glicémica e nas sensações de apetite em homens saudáveis. *Bioactive Carbohydrates and DietaryFibre,* 4(1), 39-47.

Quek, M. C, Chin, N. L., Yusof, Y. A (2013). Modelagem do comportamento reológico de concentrados de suco de graviola usando superposição de taxa de cisalhamento-temperatura-concentração. *Jornal de Engenharia Alimentar,* 118(4), 380-386.

Ramachandra, C.T., e Srinivasa, P. (2008). Processamento do gel de Aloe vera: Uma revisão. *Jornal Americano de Agricultura e Ciências Biológicas,* 3(2), 502-510.

Rao, M. A. Reologia de Alimentos Fluidos e Semissólidos: Princípios e Aplicações. Segunda Edição. Genebra, NY, EUA: Springer, 2006, 481p.

Sesmero, R., Mitchell, J. R., Mercado, J. A., Quesada, M. A. (2009). Caracterização reológica de sumos obtidos a partir de frutos de morango transgénicos com pectato lyase-Silenced. *Food Chemistry,* 116(2), 426-432.

Shamsudin, R., Chia, S. L., Mohd, A. N., Wan, D. W. (2013). Propriedades reológicas do suco de abacaxi Yankee irradiado por ultravioleta e termicamente pasteurizado. *Jornal de Engenharia Alimentar,* 116(2), 548-553.

Sharoba, A. M., Senge, B., El-Mansy, H. A., Bahlol, H. E. M., Blochwitz, R. Propriedades reológicas de alguns produtos de tomate egípcios e europeus. In: First Inter. Conf. & Exh. Food & Tourism. Egito: HITH, 2006, p. 316-334.

Sogi, D. S., Oberoi, D. P., Malik, S. (2010). Efeito do tamanho das partículas, temperatura e sólidos solúveis totais nas propriedades reológicas do sumo de melancia: Uma abordagem de superfície de resposta. *International JournalofFoodProperties,* 13(6), 1207-1214.

Tıziani, S., Vodovotz, Y. (2005). Efeitos reológicos da adição de proteína de soja ao sumo de tomate. *Food Hydrocolloids,* 19 (1), 45-52.

Vandresen, S., Quadri, M. G., de Souza, J. A., Hotza, D. (2009). Efeito da temperatura no comportamento reológico de sucos de cenoura. *JournalofFoodEngineering,* 92(3), 269-274.

Vasco, C., Avila, J., Rúales, J., Svanberg, U. e Kamal-Eldin, A. (2009). Caraterísticas físico-químicas das variedades amarelo-dourado e vermelho-púrpura de frutos de tamarilho *(Solanum betaceum Cav.). InternationaljournalofFood Sciences and Nutrition,* 60(S7), 278-288.

Xu, L., Xu, G., Liu, T., Chen, Y., Gong, H. (2013). A comparação das propriedades reológicas de soluções aquosas de goma welan e goma xantana. *Polímeros de carboidratos,* 92 (1), 516- 522.

Yogurtçu, H., Kamişli, F. (2006). Determinação das propriedades reológicas de algumas amostras de pekmez na Turquia. *JournalofFood Engineering,* 77(4), 1064-1068.

Whistler, R. L., BeMiller, J. N. Carbohydrate Chemistryfor Food Scientists. Segunda edição. St. Paul MN, EUA: Eagan Press, 1997.

Williams, P.A. e Phillips, G.O. Introduction to food hydrocolloids. Em Phillips, G.O., Williams, P.A. Handbook of hydrocolloids. Cambridge, Reino Unido: CRC Press, 2009.

Nwaokoro. O, G., Akanbi, C. T. (2015). Efeito da adição de hidrocolóides à mistura de sumo de tomate e cenoura. *Jornal de Ciências da Nutrição e Alimentação,* 3(1): 1-10.

Conclusões e recomendações

O presente estudo demonstrou o efeito significativo da adição de hidrocolóides nas propriedades reológicas e no grau de estabilidade das bebidas à base de tomate. As concentrações de goma xantana e CMC, iguais ou superiores a 0,05%, podem ser consideradas como tratamentos adequados no controlo da instabilidade física relacionada com baixas velocidades de decantação e valores elevados de potencial zeta (>30 mV), sem afetar significativamente as propriedades físico-químicas, os parâmetros de cor e os atributos sensoriais. A incorporação de gel de aloé vera afectou significativamente os valores de pH e de acidez titulável, mas não influenciou a instabilidade das bebidas.

Os resultados sugerem a ocorrência de dois mecanismos de estabilidade física nas bebidas de tomate arbóreo: esférico e eletrostático. O primeiro mecanismo está relacionado com a capacidade hidrofílica da goma xantana para absorver e reter a humidade, produzindo um aumento da viscosidade da fase contínua, ajudando a reter as partículas em suspensão e aumentando a turbidez da suspensão. A segunda está associada ao carácter aniónico do hidrocolóide para exercer um efeito significativo nas forças repulsivas entre as partículas, considerando o comportamento do potencial Z.

As propriedades de fluxo descrevem o comportamento pseudoplástico das bebidas (n<1,0). Foi estimado um efeito significativo da adição de goma xantana nos parâmetros reológicos como o coeficiente de consistência (K) e o índice de fluidez (n), estimados a partir da lei de potência com excelente ajuste estatístico. Com base no princípio de Arrhenius, foi possível avaliar o efeito da temperatura sobre os parâmetros reológicos, observando-se uma diminuição da viscosidade reflectida na redução dos coeficientes de consistência com o aumento da temperatura. Os néctares de tomate arbóreo apresentam caraterísticas teológicas de gel fraco, baseadas em valores de n' e n'' superiores à unidade, e predomínio do módulo de elasticidade (G'>G"). Os módulos G' e G" são influenciados pelo aumento gradual da temperatura, no entanto, os parâmetros que descrevem o comportamento viscoelástico das bebidas não estão em conformidade com o princípio de Arrhenius.

A adição de goma xantana afectou significativamente o fator de perda. Uma vez que nas concentrações de goma xantana ≥0,05% e CMC≥ 0,05% se mantém o comportamento de gel fraco e δ<1,0, estes tratamentos podem ser considerados como adequados na avaliação do grau de estabilidade física das bebidas. Além disso, a inclusão de gomas nestas concentrações contribui para controlar o fenómeno de sedimentação e separação de fases nas bebidas, preservando as caraterísticas físico-químicas e sensoriais intrínsecas da polpa de tomate arbóreo.

Bibliografia

₁Abbasi, S., Mohammadi S. (2013). Estabilização da mistura de leite e sumo de laranja com goma persa: Eficiência e mecanismo. *FoodBioscience*, 2, 53-60.

Ahlawat, K. S., Khatkar, B. S. (2011). Processamento, aplicações alimentares e segurança dos produtos de aloé vera: uma revisão. *Journal ofFood Science and Technology*, 48(5), 525-533.

Alarcon-Restrepo, J. J., Chavarriaga-Montoya, W. (2007). Diagnóstico precoce da antracnose *(Colletotrichum gloeosporioides)* (Penz) Penz & Sacc. no tomateiro arbóreo utilizando infecções quiescentes. *Agronomia*, 15(1): 89 - 102.

Alves, D.S., Perez, F. L., Estepa, A., Micol, V. (2004). Efeitos relacionados com a membrana subjacentes à atividade biológica das antraquinonas emodina e barbaloína. *Farmacologia Bioquímica*, 68, 549-561.

Amaya, J., Hashimoto, J. Tomateiro *(Cyphomandra betacea* Sendt). Gerencia Regional de Recursos Naturales y Gestión del Medio Ambiente. Trujillo: GRNM, 2006, 8p.

Aranberri, I., Binks, B., Clint, J., Fletcher, P. (2006). Desenvolvimento e caraterização de emulsões estabilizadas por polímeros e surfactantes. *Revista Iberoamericana de Polímeros*, 7(3), 211-231.

Arslan, E. Caracterização reológica de misturas de tahɪn/pekmez (pasta de sésamo/sumo de uva concentrado). Mestrado em Ciências. Turquia, 2003, 59 p. Departamento de Engenharia Alimentar. Universidade Técnica do Médio Oriente.

Augusto, P., Ibarz, A., Cristianini, M. (2013). Efeito da homogeneização a alta pressão (HPH) nas propriedades reológicas do sumo de tomate: Comportamentos de fluência e recuperação. *Food Research International, 54(1), 169-176.*

Benitez, E. I., Genovese, D. B., Lozano, Jorge. E. (2009). Efeito dos açúcares típicos na viscosidade e estabilidade coloidal do sumo de maçã. *FoodHydrocolloids,* 23, 519- 525.

Benítez, S., Achaerandio, I., Sepulcre, F., Pujóla, M. (2013). Os revestimentos comestíveis à base de Aloe vera melhoram a qualidade dos kiwis 'Hayward' minimamente processados. *Biologia e tecnologia pós-colheita*, 81, 29-36.

Black, N., Ortega, L. Utilização de atmosferas modificadas na conservação de babaco, tomateiro e maracujá. Salgolqui, 2005, 187 p. Tese de Licenciatura (Engenheiro Agrónomo). Escola Politécnica do Exército. Faculdade de Ciências Agrárias.

Boghani, A. H., Raheem, A., Hashmi, S. I. (2012). Estudos de desenvolvimento e armazenamento de bebida misturada de papaia e aloe vera pronta a servir (RTS). *Jornal de Processamento e Tecnologia de Alimentos*, 3, 185.

Boudreau, M. e Beland, F. (2006). Uma avaliação das propriedades biológicas e toxicológicas de *Aloe barbadensis* Miller (Aloe vera). *Jornal de Ciência e Saúde Ambiental, Parte C 24,* 103-154.

Brito, B., Espin, S., Villacres, E., Vaillant, F., Torres, N. e Sanaicela, D. Tomateiro. Caraterísticas físicas e nutricionais do fruto, importantes na investigação e desenvolvimento de polpas e chips. Instituto Nacional Autónomo de Investigaciones Agropecuarias. Quito: INIAP, 2008, 2 p.

Cáceres-Miranda, Lorena. Manuseamento pós-colheita de frutos de tomate de árvore *(Cyphomandra betacea)* e sua relação com o tempo de conservação no mercado central de Cantón (Ambato). Ambato, 2012, 240p. Tese de licenciatura (Mestrado em Produção Mais Limpa). Universidade Técnica de Ambato. Faculdade de Ciências e Engenharia Alimentar.

Calvo-Villegas, Iván. Cultura do tomateiro *(Cyphomandra betacea).* Gestão integrada de culturas. Instituto Nacional de Innovación y Transferencia en Tecnología Agropecuaria. Costa Rica: INTA, 2009, 6 p.

Castro, H., Benelli, P., Ferreira, S., Parada, F. (2013). Extratos de fluido supercrítico do epicarpo do tamarilho *(Solanum betaceum* Sendtn) e sua aplicação como protetores contra a oxidação lipídica da carne bovina cozida. *JournalofsupercriticalFluids,* 76, 17-23.

Castro-Parra, Andrea. Efeito da aplicação de revestimentos comestíveis na qualidade póscolheita do tomateiro *(Solanum betaceum).* Quito, 2013, 138p. Tese de licenciatura (Engenheiro Agroindustrial). Escola Politécnica Nacional. Faculdade de Engenharia Química e Agroindústria.

Chaikham, P., Apichartsrangkoon, A. (2012). Comparação das propriedades viscoelásticas e físico-químicas dinâmicas dos sumos longan pressurizados e pasteurizados com adição de xantana. *Food Chemistry,* 134(4), 2194-2200.

Chandan, B., Saxena, A. K., Shukla, S., Sharma, N., Gupta, D., Suri, K., Suri, J., Bhadauria, M., Singh, B. (2007). Potencial hepatoprotetor de *Aloe barbadensis* Miller. Contra a hepatotoxicidade induzida por tetracloreto de carbono. *JournalEthnopharmacoly,* 111, 560-566.

Chin, N. L., Chan, S. M., Yusof, Y. A., Chuah, T. G., Talib, R. A. (2009). Modelagem do comportamento reológico de concentrados de suco de pummelo usando curva mestre. *Jornal de Engenharia Alimentar,* 93(2), 134-140.

Chivero, P., Gohtani, S., Yoshii, H., Nakamura, A. (2015). Efeito das gomas ofxantana e guar na formação e estabilidade de emulsões de óleo em água de polissacarídeos solúveis em soja. *Food Research International,* 70, 7-14.

Choi, S., Chung, M. (2003). Uma revisão sobre a relação entre os componentes do Aloe vera e seus efeitos biológicos. *Seminários em Medicina Integrativa,* 1, 53-62.

Chun-Hui, L., Chang-Hai, W., Zhi-Liang, X., Yi, W. (2007). Isolamento, caratorização química e actividades antioxidantes de dois polissacáridos do gel e da pele de *Aloe barbadensis* Miller irrigados com água do mar. *Process Biochemistry,* 42, 961-970.

Croak, S., Corredig, M. (2006). O papel da pectina na estabilização do sumo de laranja: Efeito da atividade da pectina metilesterase e da pectinase no tamanho das partículas de nuvem. *Food Hydrocolloids,* 20, 961-965.

Davis, K., Philpott, S., Kumar, D., Mendall, M. (2006). Ensaio aleatório duplo-cego controlado por placebo de *Aloe vera* para a síndrome do intestino irritável. *International Journal of ClinicalPractice,* 60, 1080-1086.

Dominguez, F. R., Arzate, V. I., Chanona, P. J., Welti, C. J., Alvarado, G. J., Calderon, D. G., Garibay, F. V., Gutiérrez, L. G. (2012). Gel de Aloe vera: estrutura, composição, química, processamento, atividade biológica e importância na indústria farmacêutica e alimentar. *Revista Mexicana de Ingeniería Química,* 11(1),23- 43.

Do-Sang L, Ryu II, Kap-Sang L, Yang-See S, Seung-Ho C (1999). Otimização na preparação de vinagre de aloé por *Acetobactor sp.* e efeito inibitório contra a atividade da lipase. *Journal of the Korea Society forAppliedBiological Chemistry,* 42(2), 105-110.

Drago, S. M., Lopez, L. M., Sainz, E. T. (2006). Componentes bioativos de alimentos funcionais de origem vegetal. *Revista Mexicana de Ciências Farmacéuticas,* 37(4), 58-68.

Duque, A., Giraldo, G., Quintero, V. (2011). Caracterização do fruto, polpa e concentrado de groselha do cabo *(Physalisperuviana L.).* Temas agrarios, 16(1), 75-83.

Elbandy, M. A., Abed, S. M., Gad, S. A., Abdel-Fadeel, M. G. (2014). Gel de Aloe vera como ingrediente funcional e conservante natural no néctar de manga. *Jornal Mundial de Laticínios e Ciências Alimentares,* 9 (2), 191 - 203.

Eshun, K., He, Q. (2004) Aloe vera: Um ingrediente valioso para as indústrias alimentar, farmacêutica e cosmética. *Critical Reviews in Food Science and Nutrition,* 44 (2), 91-96.

Farfan, D., Zambrano, Mayra. Plano de negócios para comercializar tomates de árvore do Equador para os Estados Unidos da América. Equador, 2010, 94 p. Trabalho de licenciatura (Engenheiro em Comércio Exterior e Negócios Internacionais). Universidade Laica Eloy Alfaro de Manabi. Faculdade de Comércio e Negócios Internacionais.

Fasolin, L., Cunha, R. (2012). Suco de graviola estabilizado com frações de soja: Uma abordagem reologial. *Ciência e Tecnologia deAlimentos*, 32(2), 558-567.

Fayyaz, A., Sani, M. A, Arian, A. F. (2014). O efeito de alguns hidrocolóides na habitação da separação do soro dodoogh. *DAMA International*, 3(2), 259 - 266.

Ferrer, L. B., Dalmau, S. J. (2001). Alimentos funcionais: probióticos. *Ata Pediatrica Española*, 59, 150-155.

García, M., García, H. Colheita e gestão pós-colheita de amora-preta, lulo e tomate de árvore. Corporación Colombiana de Investigación Agropecuaria. Corpoica: Bogotá, 2001, 102 p. García-Muñoz, María. Manual de manejo cosecha y postcosecha del tomate de árbol. Corporación Colombiana de Investigación Agropecuaria. Bogotá: Corpoica, 2008, 98 p.

Garriga, A. M. Reologia de espessantes celulósicos para tintas à base de água: Modelação e mecanismo de espessamento associativo. Barcelona, 2002, 76 p. Tese de doutoramento. Universidade de Barcelona. Departamento de Engenharia Química.

Genovese, D., Elustondo, M., Lozano, J. (1997). Estabilização de cor e nuvem em sumo de maçã turvo por aquecimento a vapor durante o esmagamento. *JournalofFood Science*, 62, 1171-1175.

Genovese, D., Lozano, J., Rao, M. (2007). A reologia das dispersões alimentares coloidais e não coloidais. *JournalofFoodScience*, 72(2), 11-20.

Genovese, D., Lozano, J. (2001). O efeito dos hidrocolóides na estabilidade e viscosidade dos sumos de maçã turva. *FoodHydrocolloids*, 15, 1-7.

Giupponi, G., e Pagonabarraga, I. (2011). Determinação do potencial zeta para suspensões coloidais altamente carregadas. *Transacções Filosóficas da Sociedade Real A*, 369, 2546-2554.

Goula, A. M., Adamopoulos, K. G. (2011). Modelos reológicos de sumo de kiwifruit para aplicações de processamento. *FoodProcessing & Technology*, 2(1), 106-113.

Gratão, A, Silveira Jr., Telis, R. J. (2007). Fluxo laminar de sumo de azeitona através de anéis concêntricos: factores de fricção e reologia. *JournalofFoodEngineering 78 (4)*, 1343-1354.

Guerrero, S. N., Alzamora, S. M. (1998). Efeito do pH, temperatura e adição de glicose no comportamento do fluxo de purés de fruta: II. Purés de pêssego, papaia e manga. *Jornal de Engenharia Alimentar*, 33, 239-256.

Habeeb, F., Shakir, E., Bradbury, F., Cameron, P., Taravati, M. R., Drummond, A. J., Gray, A. I., Ferro, V. A. (2007). Métodos de triagem utilizados para determinar as propriedades antimicrobianas do gel interno *de Aloe vera*. *Methods*, 42, 315-320.

Hamman, J. H. (2008). Composição e aplicações do gel de folhas de *Aloe vera*. *Molecules*, 13, 1599-1616.

Hu, Q., Hu, Y., Xu, J. (2005). Atividade de eliminação de radicais livres de extractos de Aloe vera *(Aloe barbadensis* Miller) por extração supercrítica de dióxido de carbono. *Food Chemistry*, 91, 85-90.

Ibrahim, G., Hassan, I., Abd-Elrashid, A., El-Massry, K., Eh-Ghorab, A., Ramadan, M., Osman, F. (2011). Efeito dos agentes de turvação na qualidade do sumo de maçã durante o armazenamento. *FoodHydrocolloids*, 25(1), 91-97.

Im, S. A., Oh, S. T., Song, S., Kim, M. R., Woo, S. S., Jo, T. H., Park, Y. I., Lee, C. K. (2005). Identificação do tamanho molecular ideal de polissacarídeos de Aloe modificados com atividade imunomoduladora máxima. *InternationalaIImmunopharmacology*, 5, 271-279.

[1]Jayme M. L., Dunstan, D. E., Gee, M. L. (2009). Potencial zeta de óleo estabilizado com goma arábica ememulsões de água. *FoodHydrocolloids*, 13(6), 459-465.

Jibaja-Mera, Hugo. Modelação da cinética de absorção de óleo durante o processo de fritura a vácuo de flocos de tomate de árvore *(Solanum betaceum.)*. Quito, 2010, 148p. Tese de licenciatura (Engenheiro Agroindustrial). Escola Politécnica Nacional. Faculdade de

Engenharia e Química.

Juárez, I., M. Presente e futuro dos alimentos funcionais. In: Juárez, I., M., Perote, A., A. Alimentos saudáveis e especificamente concebidos: Alimentos funcionais. Madrid, Espanha: IMCS.A.,2010. p.30-45.

Kaneiwa, M., Augusto, P., Cristianini, M. (2013). Efeito da homogeneização de alta pressão (HPH) na estabilidade física Oftomatojuice. *FoodResearch International*, 51, 170-179.

Kaya, A., Sözer, N., (2005). Rheological behaviour of sour pomegranate juice concentrates *(Punica granatum)*. *InternationaljournalofFood Science & Technology*, 40 (2), 223-227.

Keshtkaran, M., Mohammadifar, M. A., Asadi, G. A., Nejad, R. A., Balaghi, S. (2013). Efeito da goma tragacanto nas propriedades reológicas e físicas de uma bebida láctea aromatizada feita com xarope de tâmara. *JournalofDairy Science*, 96(8), 4794-4803.

Khoshgozaran, A. S., Hossein, A. M., Hamidy, Z., Bagheripoor, F. N. (2012). Propriedades mecânicas, físico-químicas e de cor de filmes à base de quitosana em função da incorporação de gel de aloe vera. *CarbohydratePolymers*, 87, 2058-2062.

Kim, K., Kim, H., Kwon, J., Lee, S., Kong, H., Im, S., Lee, Y., Oh, S., Jo, T., ParkY., Lee, C., Kim K. (2009). Efeitos hipoglicémicos e hipolipidémicos do gel *de Aloe vera* processado num modelo de rato de diabetes mellitus não dependente de insulina. *Phytomedicine*, 16, 856-863.

Kou, M., Yen, J., Hong, J., Wang, C., Lin, C., Wu, M. (2009). *Cyphomandra betacea* Sendt. os fenólicos protegem o LDL da oxidação e as células PC12 do estresse oxidativo. *LWT - Ciência e Tecnologia de Alimentos*, 42, 458-463.

Kumar, S., Kumar, P. (2015). Modelação reológica de concentrados de sumo de beterraba não despectorizado. *Journalof FoodMeasurementandCharacterization, 1, 1-8*.

Lagos-Santander, Liz. Avaliação do potencial genético de alguns progenitores de tomateiro arbóreo *(Cyphomandra betacea Cav.* Sendt) a partir de um dialelo parcial circulante. Palmira, 2012, 79 p. Trabalho de conclusão de curso (Mestrado em Ciências Agrárias). Universidade Nacional da Colômbia. Faculdade de Ciências Agrárias.

Langmead, L., Makins, R. J., Rampton, D. S. (2004). Efeitos anti-inflamatórios do gel de Aloe vera na mucosa colorrectal humana in vitro. *Alimentary Pharmacology and Therapeutics*, 19, 521-527.

Lazaridou, A., Duta, D., Papageorgiou, M., Belc, N., & Biliaderis, C. G. (2007). Efeitos dos hidrocolóides na reologia da massa e nos parâmetros de qualidade do pão em formulações sem glúten. *JournalofFoodEngineering*, 79(3), 1033-1047.

Lee, J., Hand, Y. H (1997). Caraterísticas do iogurte líquido suspenso de aloé vera inoculado com *Lactobacillus Casei* YIT 9018. *Jornal Coreano de Ciência Animal*, 39, 93-100.

Lee, M., Lee, O. Yoon, S. (1998). Atividade angiogênica in vitro do gel de aloe vera em células endoteliais da artéria pulmonar de bezerro (CAPE). *Archives Pharmacal Research* 21, 260-265.

León, J., Viteri, P., Cevallos, G. Manual de cultivo de tomate de árbol. Instituto Nacional Autónomo de Investigaciones Agropecuarias (INIAP). Equador: INIAP, 2004, 70p.

Li, J. M., Nie, S. P. (2015). Os aspectos funcionais e nutricionais dos hidrocolóides nos alimentos. *FoodHydrocolloids,* na imprensa, 1-16.

Liang, C., Hu., X., Ni, Y., Wu., J., Chen, F., Liao, X. (2006). Efeito dos hidrocolóides no sedimento da polpa, sedimento branco, turbidez e viscosidade do sumo de cenoura reconstituído. *Food Hydrocolloids,* 20, 1190-1197.

Lucas, K., Maggi, J., Yagual, M. Criação de uma empresa de produção, comercialização e exportação de tomate de árvore na zona de Sangolqui, província de Pichincha. Guayaquil, 2011, 140 p. Tese de licenciatura (Engenharia Comercial e Empresarial). Escola Superior Politécnica do Litoral. Faculdade de Ciências Económicas e Empresariais.

Lutz, R. M. (2012): Podemos falar de alimentos funcionais no Chile? *Revista Chilena*

Nutrición, 39(2), 211-216.

Ly, M.H., Aguedo, M., Goudot, S., Le, M. L., Cayot, P., Teixeira, J. A., Le, T. M., Belin, J. M., Wache, Y. (2008). Interações entre superfícies bacterianas e proteínas do leite, impacto na estabilidade das emulsões alimentares. *FoodHydrocolloids,* 22, 742-751.

Ma, Z., Boye, J. I., Fortin, J., Simpson, B. K., Prasher, S. O. (2013). Propriedades reológicas, de estabilidade física, microestruturais e sensoriais de molhos para salada suplementados com farinhas de lentilha cruas e tratadas termicamente. *Journal ofFood Engineering,* 116, 862-872.

Marquez, C., Otero, C., Cortes, M. (2007). Alterações fisiológicas, texturais, físico-químicas e microestruturais do tomate arbóreo *(Cyphomandra betacea S.)* na pós-colheita. *Revista da Faculdade de Química Farmacêutica,* 14 (2), 9-16.

Martin, D. A., Rico, D., Barat, J. M., Barry, R. C. (2009). Sucos de laranja enriquecidos com quitosana: Otimização para prolongar o prazo de validade. *Ciência Alimentar Inovadora e Tecnologias Emergentes,* 10, 590-600.

Meng, Y., Rao, M. (2005). Propriedades reológicas e estruturais de dispersões de amido de milho ceroso com inchaço a frio e reticulado aquecido preparadas em sumo de maçã e água. *Carbohydrate Polymers,* 60(3), 291-300.

Mewis, J., Wagner, N. Introduction to colloid science and rheology. In: Mewis, J., Wagner, N. Colloidal Suspension Rheology. Cambridge: Cambridge University Press, 2012, p. 1-34.

Meza, N., Manzano-Méndez, J. (2009). Caraterísticas do fruto do tomateiro arbóreo *(Cyphomandra betaceae* [Cav.] Sendtn) com base na coloração do arilo na zona andina venezuelana. *Revista UDOAgrIcola,* 9 (2): 289-294.

₁Mezger T. G. (2006). The rheology handbook. Segunda edição. Hannover, Alemanha: Vincentz Network, 300p.

Milani, J., Maleki, G. (2012). Hidrocolóides na indústria alimentar. Em Valdez, B. Processos industriais de alimentos e Métodos e equipamentos. Croácia: In Tech, 2012, p. 17-38.

Ministério da Agricultura e do Desenvolvimento Rural. Avaliações Agrícolas Municipais (MADR-EVA). Bogotá: MADR, 2015, 181 p.

Ministério da Agricultura e do Desenvolvimento Rural. Sistema de Estatísticas Agrícolas - SEA. Anuário Estatístico de Frutas e Hortaliças, 1992-2013. Bogotá: MADR, 2013, 304 p.

Mirhosseini, H., Ping, T. C. (2010). Efeito de vários hidrocolóides nas caraterísticas físico-químicas da emulsão de bebida de laranja. *Journal of Food, Agriculture & Environment,* 8(2), 308-313.

Moelants, K. R. N., Cardinaels, R., Jolie, R. P., Verrijssen, T. A. J., Van Buggenhout, S., Zumalacarregui, L. M., Van Loey, A. M., Moldenaers, P., Hendrickx, M. E. (2013). Relação entre as propriedades das partículas e as caraterísticas reológicas das suspensões derivadas da cenoura. *FoodBioprocess Technology,* 6(5):1127-1143.

Moraes, I. C., Fasolin, L., Cunha, R., Menegalli, F. (2011). Propriedades reológicas dinâmicas e de cisalhamento constante de gomas xantana e guar dispersas em polpa de maracujá amarelo *(Passiflora edulis Havicarpa). Revista Brasileira de Engenharia Química,* 28(3), 483 - 494.

Mueller, S., Llewellin, E. W., e Mader, H. M. (2010). A reologia das suspensões de partículas sólidas. *ProceedingsRealSocietyA.,* 466, 1201-1228.

Nascimento, G., Hammb, L., Baggio, C., De Paula, M., Lacomini, M., Cordeiro, L. (2013). Estrutura de um galactoarabinoglucuronoxilano de tamarillo *(Solanum betaceum),* uma fruta exótica tropical, e sua atividade biológica. *Food Chemistry,* 141, 510-516.

Nundo, C. I., Tanga, J., Powers, J. R., Takhar, P. S. (2005). Propriedades reológicas do puré de mirtilo para aplicações de processamento. *LWT.* 40, 292-299.

Nuñez, S., Scrofani, L. Determinação da eficiência do processo de desidratação utilizando o método Demcom num petróleo bruto médio. Puerto la Cruz, 2011, 80 p. Tese de licenciatura

(Engenharia do Petróleo). Universidade do Oriente. Faculdade de Engenharia e Ciências Aplicadas.

Nwaokoro. O, G., Akanbi, C. T. (2015). Efeito da adição de hidrocolóides à mistura de suco de tomate e cenoura. *Jornal de Nutrição e Ciência dos Alimentos,* 3(1): 1-10.

Ordonez, R., Cardozo, M., Zampini, I., Isla, M. (2010). Avaliação da atividade antioxidante e genotoxicidade de bebidas alcoólicas e aquosas e bagaço derivado de frutos maduros de *Cyphomandra betacea Sendt. JournalofAgriculture andFood Chemistry,* 58, 331-337.

Osorio, C., Hurtado, N., Dawid, C., Hofmann, T., Heredia, F., Morales, A. (2012). Caracterização química de antocianinas em frutos de tamarilho *(Solanum betaceum Cav.)* e baga dos Andes *(Rubus glaucus* Benth.). *Food Chemistry, 132,* 1915-1921.

Pabst, W. (2004). Considerações fundamentais sobre a reologia de suspensões. *Jornal Ceramics Silikáty,* 48, 6-13.

Paquet, E., Alexandra, A., Lemieux, S., Turgeon, S. (2014). Efeitos das bebidas à base de sumo de maçã enriquecidas com fibras alimentares e goma xantana na resposta glicémica e nas sensações de apetite em homens saudáveis. *Bioactive Carbohydrates andDietaryFibre,* 4, 39-47.

Pegg, M. A. (2012). A aplicação de hidrocolóides naturais em alimentos e bebidas. Em: Baines, D., Seal, R. Aditivos alimentares naturais, ingredientes e aromas. Cambridge, Reino Unido: Woodhead Publishing Limited, 2012, 455 p.

Perez, P., Rocío. Aplicação de micro-ondas no tratamento de emulsões de água em óleo (w/o) e óleo em água (o/w). Valência: Espanha, 2009, 290 p. Tese de doutoramento. Universidade Politécnica de Valência. Departamento de Comunicações.

Phillips, R. J. (2010). Instabilidade estrutural na sedimentação de suspensões de partículas através de fluidos viscoelásticos. *Jornal de Mecânica de Fluidos Não-Newtonianos,* 165, 479-488.

Pogribna, M., Freeman, J.P., Paine, D., Boudreau M.D. (2008). Efeito do extrato de folha inteira de Aloe vera na produção de ácidos gordos de cadeia curta por *Bacteroides fragilis, Bifidobacterium infantis e Eubacterium limosum. Cartas em Microbiologia Aplicada,* 46, 575-580.

Prabjone, R., Thong-Ngam, D., Wisedopas, N., Chatsuwan, T., Patumraj, S. (2006). Efeitos anti-inflamatórios do *Aloé vera* na interação leucócito-endotélio na microcirculação gástrica de ratos infectados com Helicobacter pylori. *Clinical Hemorheology and Microcirculation,* 35, 359-366.

Pugh, N., Ross, S. A., ElSohly, M. A., Pasco, D. S. (2001). Caracterização de alonde, um novo polissacarídeo de alto peso molecular de *Aloe vera* com potente atividade imunoestimuladora. *JournalofAgriculturelandFoodChemistry,* 49, 1030-1034.

Quek, M. C, Chin, N. L., Yusof, Y. A (2013). Modelagem do comportamento ofrheológico de concentrados de suco de graviola usando superposição de taxa de cisalhamento-temperatura-concentração. *Journal of FoodEngineering,* 118(4), 380-386.

Raeuber, H., Nikolaus, H. (1980). Estrutura dos alimentos. *Journal of Texture Studies,* 11, 187198.

Rajasekaran, S., Ravi, K., Sivagnanam, K., Subramanian, S. (2006). Efeitos benéficos do extrato de gel da folha de Aloé vera no estado do perfil lipídico em ratos com diabetes de Streptozotocin. *Clinical and Experimental Pharmacology and Physiology,* 33, 232-237.

Ramirez, Q. J., Aristizabal, T. I., Restrepo F. J. (2013). Conservação de amora-preta pela aplicação de um revestimento comestível de gel de mucilagem de aloe vera. *Vitae,* 20(3), 172-183.

Rao, M. A. Reologia de Alimentos Fluidos e Semissólidos: Princípios e Aplicações. Segunda Edição. Genebra, NY, EUA: Springer, 2006, 481p.

Restrepo, F. I. Conservação do morango *(Fragaria x ananassa Duch* cv. Camarosa) através da aplicação de revestimentos comestíveis de gel de mucilagem de aloé vera *(Aloe barbadensis* Miller). Medellín, 2009, 83p. Universidade Nacional da Colômbia. Faculdade de Ciências Agrárias. Departamento de Engenharia Agrícola e Alimentar.

Rivero, R., Rodríguez, E., Menéndez, R., Fernández, J., Del Barrio, G., González, M. (2002). Obtenção e caraterização preliminar de um extrato de Aloe vera L. com atividade antiviral. *Revista Cubana de Plantas Medicinais,* 7, 32-38.

Sagnay-Tanqueno, Mónica. Estudo comparativo do potencial nutricional de duas variedades de tomate arbóreo *(Solanum betaceum Cav.)* desidratado por micro-ondas em três potências. Riobamba, 2010, 120 p. Tese de licenciatura (Farmacêutico Bioquímico). Escola Superior Politécnica de Chimborazo. Faculdade de Ciências.

Saha, D., Bhattacharya, S. (2010). Hydrocolloids as thickening and gelling agents in food: A critical review. *Jornal de Ciência e Tecnologia Alimentar,* 47(6), 587-597.

Sahin, H., Ozdemir, F. (2007). Efeito de alguns hidrocolóides na separação do soro de ketchups de diferentes formulações. *JournalofFoodEngineering,* 81, 437-446.

Salinas, G., e Fuentes, F. (2012). Avaliação experimental do comportamento da velocidade de sedimentação de partículas. *Revista Ingenierías Universidad de Medellln.* 2012, 11(20), 239-250.

Schramm, L. L. Emulsões, espumas e suspensões: fundamentos e aplicações. In: Schramm, L. L. Colloid Stability. Weinheim: Wiley-VCH, 2005, p. 117-152.

Shamsudin, R., Chia, S. L., Mohd, A. N., Wan, D. W. 2013). Propriedades reológicas do suco de abacaxi Yankee irradiado por ultravioleta e termicamente pasteurizado. *Jornal de Engenharia Alimentar,* 116(2), 548-553.

Sherafati, M., Kalbasi-ashtari, A., Ali-Mousavi, S. M. (2013). Efeitos de gomas de gelana de baixo e alto teor de acila nas propriedades de engenharia do suco de cenoura. *Jornal de Engenharia de Processos Alimentares,* 36(4), 418-427.

Sierra, G. A. Desenvolvimento de um protótipo de uma bebida de aloé vera *(Aloe vera barbadensis* Miller) e laranja. Zamorano, 2002, 55 p. Tese de licenciatura (Engenheiro Agrónomo). Escola Agrícola Panamericana (Zamorano). Departamento de Ciências Agrárias e da Produção.

Sigrid, S. M., Vidal, B. D. (2011). Alimentos funcionais enriquecidos em Aloe vera. Efeitos da impregnação a vácuo e da temperatura na taxa de respiração e no quociente respiratório de alguns vegetais. *Proceed Food Science, 1,* 1528 - 1533.

Singh, A., Singh, A. K. (2009) Otimização das variáveis de processamento para a preparação de pão de ervas utilizando gel de Aloe vera. *Jornal de Ciência e Tecnologia Alimentar,* 46(4), 335338.

Song, K. W., Kuk, H. K., Chang, G. S. Reologia de soluções concentradas de goma xantana: comportamento de fluxo de cisalhamento oscilatório. *Korea-Australia RheologyJournal,* 18(2), 67-81.

Stading, M... 2011. Reologia de alimentos. *Rheology,* 1(2), 1-8.

Steenkamp, V., Stewart, M. J. (2007). Aplicações medicinais e actividades toxicológicas dos produtos *Aloe. Biologia Farmacêutica,* 45, 411-420.

₁Steffe J. F. Rheological Methods in Food Process Engineering (Métodos Reológicos na Engenharia de Processos Alimentares). Segunda edição. Michigan, EUA: Freeman Press, 1996, p. 418.

Stokes, J., Boehm, M., Stefan, B. (2013). Processamento oral, textura e sensação na boca: Da reologia à tribologia e além. *Opinião atual em Ciência dos Colóides e das Interfaces,* 18 (2013), 349-359.

Strickland, F. M. (2001). Regulação imunológica por polissacarídeos: implicações para o cancro da pele. *JournalofphotochemistryandPhotobiology,* 63, 132-140.

Suvitayavat, W. C., Sumrongkit C., Thirawarapan, S. e Bunyapraphatsara, N., (2004). Efeitos da preparação de Aloé na secreção gástrica induzida pela histamina em ratos. *Journal of Ethnopharmacology*, 90, 239-247.

Thompson, D., Harvey, A., Kazmi, M. e Stout, J. (1991). Fibrinólise e angiogénese na cicatrização de feridas. *Journal of Pathology*, 165, 311-318.

Torres, J. A., Tello, M. E., e Ostos, S. (2008). Desenvolvimento e otimização de uma metodologia analítica para a determinação de sedimentos em bebidas de mesa derivadas do cacau. *Revista Colombiana de Ciencias Químico Farmacéuticas*, 37(2), 177-190.

Urquijo, Jeaneth. Síntese de nanopartículas magnéticas e sua implementação como ferrofluidos. Medellín, 2007, 79 p. Trabalho de conclusão de curso (Mestrado em Ciências Químicas). Universidade de Antioquia. Faculdade de Ciências Exactas e Naturais.

Vandresen, S., Quadri, M. G., de Souza, J. A., Hotza, D. (2009). Efeito da temperatura no comportamento reológico de sucos de cenoura. *JournalofFoodEngineering*, 92(3), 269-274.

Wei, L., Chun-Cheng, Y., Hua-Feng, Z., Ru-Gang, Y. (2004) Preparação de uma bebida saudável à base de aloé e ervas aromáticas. *Food Science China*, 25(6), 207-209.

Williams, P. A., Phillips, G. O. Introduction to food hydrocolloids. In: Handbook of hydrocolloids. Flórida, EUA: CRC Press, 2009, 924p.

Yasar, Y., Togrul, H., Arslan, N. (2007). Flow properties of cellulose and carboxymethyl Cellulosefrom orange peel. *Jornal de Engenharia Alimentar*, 81, 187-199.

Yulianingsih, R., Maharani, D. M., Hawa, L. C., Sholikhah, L. (2013). Observação da qualidade física do revestimento comestível feito de aloe vera em melão minimamente processado *(Cucumismelo L.)*. *Pakistan JournalofNutrition*, 12 (9), 800-805.

Yusuf, S., Agunu, A., Diana, M. (2004). O efeito do *Aloe vera* A. Berger *(Liliaceae)* na secreção de ácido gástrico e lesão aguda da mucosa gástrica em ratos. *Jornal de Etnofarmacologia*, 93, 33- 37.

Zheng, W. e Wang, S. Y. (2001). Atividade antioxidante e compostos fenólicos em ervas selecionadas *Journal OfAgricultural and Food Chemistry*, 49, 5165-5170.

₁Zhong, Q., e Daubert C. R. Food Rheology. In: Kutz, M. Handbook of Farm and Food Machinery. Norwich, NewYork: William Andrew Publishing, 2007. p. 391-414.

yes
I want morebooks!

Buy your books fast and straightforward online - at one of world's fastest growing online book stores! Environmentally sound due to Print-on-Demand technologies.

Buy your books online at
www.morebooks.shop

Compre os seus livros mais rápido e diretamente na internet, em uma das livrarias on-line com o maior crescimento no mundo! Produção que protege o meio ambiente através das tecnologias de impressão sob demanda.

Compre os seus livros on-line em
www.morebooks.shop